ISBN 978-3-662-23126-5 ISBN 978-3-662-25099-0 (eBook)
DOI 10.1007/978-3-662-25099-0

Ratgeber für Besteller und Besitzer elektrischer Lichtanlagen.

Vorwort.

Das vorliegende Heft ist entstanden, weil seitens mancher Elektrizitätswerke der Mangel einer leicht verständlichen Schrift lebhaft empfunden wird, in welcher sich die jetzigen und künftigen Besitzer kleinerer elektrischer Anlagen über das, was bei Bestellung solcher Anlagen, bei deren Erweiterung oder für ihre bessere Ausnutzung zu beachten ist, Rat holen können, und in welcher man sich auch über die Vorteile, welche die elektrische Beleuchtung gegenüber anderen Beleuchtungsarten bietet, unterrichten kann.

Bislang war man in dieser Beziehung meistens auf den Installateur angewiesen, der teils aus Mangel an Zeit, teils aus Unkenntnis, teils aus Bequemlichkeit nicht immer die richtigen Ratschläge und Unterweisungen erteilt oder ihre Erteilung unterläßt. Man kann ja auch unmöglich verlangen, daß der Installateur jedem Kunden alles, was in diesem Heftchen steht, erzählt; soviel Zeit dürfte kein Geschäftsmann haben. Mancher praktische Gegenstand ist daher vielen Anlagenbesitzern überhaupt gänzlich unbekannt, und nicht wenige Anlagen weisen größere oder kleinere Mängel auf, die der unterrichtete Besteller hätte vermeiden können, und deren Vorhandensein Unbequemlichkeiten und ziemlich häufig Kosten verursacht. Die Folge davon ist Unzufriedenheit des Stromverbrauchers mit seiner Anlage; wir alle „vom Bau" haben aber ein Interesse daran, möglichst viel begeisterte Anhänger unserer geliebten Elektrizität zu gewinnen, da nur solche ihren „stromlosen" Bekannten zum Anschlusse zureden.

Beschränkt habe ich mich in diesem Heftchen zunächst auf Wohnräume, da der Geschäftsmann und der Handwerker eher Gelegenheit haben, sich bei Berufsgenossen Auskunft zu holen, und da Anlagen bei diesen zu verschiedenartig zu gestalten sind; im übrigen sind die Verhältnisse bei Arm und Reich, beim Städter und beim Landbewohner berücksichtigt, für letzteren sind auch Ställe und Scheunen kurz erwähnt. Besonders ist das Heftchen auch für unsere Hausfrauen geschrieben, die ja im allgemeinen über die Fortschritte der Technik weniger unterrichtet sind, und die ihre berühmte Sparsamkeit auch bei elektrischen Anlagen nicht gern vergessen. Ich hoffe nun, daß meine Schrift ab und zu eine Hausfrau von falscher Sparsamkeit abhalten und ihr andrerseits zeigen wird, wo ohne Schaden gespart werden kann, und wie sie ferner sich und ihren Angehörigen das Leben in manchen Fällen bequemer und angenehmer gestalten kann. Bemerken will ich hier noch, daß ich nichts empfohlen habe, was ich nicht aus innerster Überzeugung für gut oder praktisch halte, denn es soll jeder, der sich in dieser Schrift Rat holen will, auch wirklich guten Rat finden. Niemand soll aber etwa denken, daß alle Ratschläge befolgt werden müßten. Jeder muß sich nach seinen Verhältnissen und vor allem nach seinem Geldbeutel richten, und die einfachste elektrische Lichtanlage ist immer besser als gar keine.

Für etwaige Anregungen aus dem Kreise der Leser zwecks Erweiterung und Vervollkommnung späterer Auflagen dieses Heftchens werde ich jederzeit dankbar sein. Fabrikanten einzelner besonders erwähnter Gegenstände namhaft zu machen, liegt nicht im Rahmen meiner Aufgabe; auf besondere Anfrage werde ich die Hersteller selbstverständlich gern nennen.

Berlin-Lichterfelde, September 1915.

Curt Fistl.

Beleuchtungskosten.

1. Allgemeines.

Elektrische Beleuchtung ist keineswegs eine Luxusbeleuchtung, sie ist wesentlich reinlicher und gesünder als jede andere, außerdem schon heute trotz der verhältnismäßig hohen Tarife billiger als Petroleumbeleuchtung, häufig auch als Gasbeleuchtung, und wenn erst in Berlin die bevorstehende Ermäßigung der Tarife durchgeführt ist, wenn, wie zu erwarten steht, andere Elektrizitätswerke dem Beispiele der Reichshauptstadt gefolgt sind, und wenn vielleicht gar die sogenannte Halbwattlampe auch für kleinere Lichtstärken hergestellt werden sollte, dann werden hoffentlich die Gasfachleute das Wettrennen aufgeben müssen, und elektrisches Licht wird „die" Beleuchtung sein. Am meisten spricht schon für das elektrische Licht die unumstößliche Tatsache, daß heutzutage niemand, der einmal diese Beleuchtungsart hat, zu einer anderen übergeht, sofern er nicht gerade wegen mangelnden Anschlusses in einer neuen Wohnung auf Strombezug verzichten muß. In dem vorzüglichen Buche Dettmars: Die Elektrizität im Haushalt (Verlag Julius Springer, Berlin), das allen denen besonders empfohlen sei, die sich aus der vorliegenden Schrift, die aus besonderen Gründen möglichst kurz gefaßt wurde, nicht genügend unterrichten können, werden folgende 20 Vorzüge der elektrischen Beleuchtung aufgeführt und begründet: Bequeme Schaltbarkeit, Teilbarkeit, leichte Einordnung, unauffällige Unterbringung, Möglichkeit tragbarer Lampen, Möglichkeit der Anbringung von Lampen, die dem Winde ausgesetzt sind, geringe Wärmeentwicklung, angenehme Lichtfarbe, bequeme Lampenauswechslung, geringe Wartung, Geräuschlosigkeit, völlige Geruchlosigkeit, keine Luftveränderung, kein Verderben von Decken und Tapeten, weder Vergiftungs- noch Explosionsgefahr, höchste Feuersicherheit, große Haltbarkeit, niedriger Preis. Das sagt wohl genug. Nachstehend sind einige Zahlen angegeben, die zum Beweise des Vorstehenden dienen sollen. Erklärend sei bemerkt, daß die Intensität einer Lichtquelle durch die Anzahl Hefner-Kerzen (im folgenden mit HK bezeichnet) ausgedrückt wird, welche mittels Lichtmeßapparat nach den Vorschriften des V. D. E. in bestimmten Richtungen gemessen worden ist. Es ergibt daher die Messung einer 32-HK-Petroleumlampe und einer 32-HK-Metalldrahtlampe den gleichen Wert im Meßapparat. Unberücksichtigt bleibt hier die Art der Ausnützung der Lichtquelle, die häufig nur bei Metalldrahtlampen vollständig möglich ist, während die Gasflamme fast immer gedämpft werden muß. Die Hauptsache ist ja für den Verbraucher, daß er überall dort eine ausreichende Beleuchtung hat, wo er eine solche am häufigsten braucht, und dieses Hauptziel ist mit den leicht einzuordnenden elektrischen Beleuchtungskörpern fast immer mit weniger Kerzen zu erreichen als bei Gas, schon deswegen, weil man wegen des gefährlichen Schlauches Gastischlampen nur ungern wählt. Ferner werden die durchaus nicht unbedeutenden Ersparnisse zunächst nicht berücksichtigt, die durch das bequeme und dadurch oft vorgenommene Auslöschen des elektrischen Lichtes erzielt werden. Der Stromverbrauch elektrischer Lampen wird nach Watt angegeben, dies ist das Ergebnis aus Spannung (Volt) mal Stromstärke (Ampère); wenn also eine Lampe bei 120 Volt 60 Watt verbraucht, so ist ihre Stromstärke $\frac{60}{120} = {}^1/_2$ Ampère. 1000 Watt sind ein Kilowatt (kW), für welches man, sofern es eine Stunde lang entnommen wird, 1 Kilowattstunde (kWh) an das Elektrizitätswerk zum festgesetzten Preise zu bezahlen hat.

Eine Petroleumlampe von 25 HK verbraucht nun in 1000 Brennstd. 70—100 l Öl; die 1000 Brennstd. kosten also bei einem Preise von 20 Pf. gering gerechnet 14 M.

1 stehende Gasglühlichtflamme von 50 HK verbraucht in 1000 Std. 75 cbm Gas; angenommen, das Kubikmeter Gas koste 16 Pf., so kosten hier 1000 Brennstd. 12 M.

Hängendes Gasglühlicht von 110 HK verbraucht in 1000 Std. 110 cbm Gas, das macht in 1000 Std. beim 16-Pf.-Preis 17,60 M.

Elektrische Metalldrahtlampen von 10, 16, 25, 32 und 50 Kz. verbrauchen in 1000 Std. ungefähr 12, 19, 28,

36 oder 55 kWh oder die kWh zu dem zurzeit verbreitetsten Preise von 40 Pf. gerechnet 4,80, 7,60, 11,20, 14,40 oder 22,— M.; nicht berücksichtigt sind hierbei die Kosten der Auswechslung von Zylindern, Strümpfen und Birnen, da letztere aber im Durchschnitt jetzt tatsächlich 800 Brennstd. halten, sind die Auswechslungskosten beim elektrischen Licht wohl kaum höher als bei den anderen Beleuchtungsarten. Auch wegen dieses Ersatzes neigt das große Publikum immer mehr der elektrischen Beleuchtung zu; die große Empfindlichkeit selbst der besten Glühstrümpfe und das damit verbundene häufige Zerspringen der Zylinder — vielfach mit großen Unannehmlichkeiten im Gefolge — lassen auch in der nicht zu unterschätzenden Frage des bequemen Ersatzes das elektrische Licht überlegen erscheinen. Gute Metalldrahtlampen widerstehen heute selbst bedeutenden Erschütterungen, und ihre Empfindlichkeit ist mit der der Glühstrümpfe gar nicht zu vergleichen. In vielen Fällen beträgt die Lebensdauer von Drahtlampen weit über 1000 Brennstd.

Für Netzspannungen von 110 und 120 V gibt es heute schon 70- und 120-HK-Lampen mit 40 bzw. 70 Watt Stromverbrauch, die also in 1000 Std. für 16 bzw. 28 M. Strom verbrauchen und die für manche Wohnräume, vor allem aber für die meisten Geschäftsräume, geeignet sind; bei 220 V ist die kleinste dieser sparsam brennenden Lampen, welche ein rein weißes Licht abgeben, die mit 75 Watt und etwa 130 HK. Für Verkaufsräume sind je nach Größe der Räume Halbwattlampen von 200—3000 HK zu verwenden, die sämtlich auch für 220 V hergestellt werden.

Zunächst wird hier noch eine Gegenüberstellung der Brennkosten der verschiedenen Beleuchtungsarten gezeigt, wie sie ähnlich im „Kalender 1915 für das Gas- und Wasserfach" auf Seite 160 steht; sie gerade ist für die Elektrotechnik von Bedeutung, weil nicht anzunehmen ist, daß die Gasfachleute für das bei ihnen so wenig beliebte elektrische Licht zu günstige Zahlen angeben.

Jeder, der derartige Zahlen auf seine Verhältnisse anwenden will, muß zunächst feststellen, wie die Einheitspreise am Ort sind, und kann erst nach erfolgter Umrechnung die gewünschten Vergleiche ziehen. Durch diesen nackten Vergleich allein darf man sich indessen nicht bewegen lassen, zur anscheinend billigeren Beleuchtungsart überzugehen; wenn lediglich solche Gesichtspunkte ent-

Beleuchtungsart	Mittlerer Brennstoffverbrauch für je 1 HK und 1 Stunde	Kosten f. 100 HK in 1 Stunde in Pfg.	Gebräuchliche Lichtstärke der Lampen in HK
Stearinkerze	9,2 g Stearin zu 15 Pf.	138,0	1,2
Gewöhnliche Petroleumlampe	2,8 g Öl zu 20 Pf. für 1 l	6,4	10 – 35
Petroleumglühlicht mit Docht.	0,8 g Öl zu 20 Pf. für 1 l	2,0	50 – 100
Spiritusglühlicht mit Docht......	2,25 g Spiritus zu 40 Pf. für 1 l	9,0	40 – 100
Luftgasglühlicht (Einzelanlage) . .	0,5 g Solin zu 40 Pf. für 1 kg	2,0	30 – 500
Luftgasglühlicht (Zentrale)	2 l Gas zu 20 Pf. für 1 cbm	4,0	30 – 500
Wassergasglühlicht (Einzelanl.)	2 l Gas zu 3 Pf. für 1 cbm	0,6	20 – 100
Wassergasglühlicht (Zentrale).	2 l Gas zu 20 Pf. für 1 cbm	4,0	20 – 100
Leuchtgas steh. Glühlicht	1,5 l Gas zu 16 Pf. für 1 cbm	2,4	16 – 150
Leuchtgas Hängeglühlicht.	1,0 l Gas zu 16 Pf. für 1 cbm	1,6	35 – 110
Metalldrahtlampe..........	1,0 Watt zu 40 Pf. für 1 kWh	4,0	5 – 100
Halbwattlampe. .	0,6 Watt zu 40 Pf. für 1 kWh	2,4	70 – 3000
Flammenbogenlampe m. Glocke gelbes Licht ...	0,25 Watt zu 40 Pf. für 1 kWh	1,0	1000 – 4000
Azetylen (Einzelanlage).........	2,2 g Karbid zu 20 Pf. für 1 kg	4,4	2 – 60
Azetylen-Zentrale	0,7 l Gas zu 160 Pf. f. 1 cbm	11,2	20 – 60
Azetylen-Glühlicht	0,25 l Gas zu 160 Pf. f. 1 cbm	4,0	40 – 60

scheidend sein würden, würde Hängegas dem elektrischen Licht wohl stets den Rang ablaufen. Für jenes ist in der letzten Spalte als niedrigste Kerzenstärke die von 35 HK angegeben, welche aber in Wirklichkeit fast niemals angewandt wird; beinahe ausnahmslos wird der 110-HK-Brenner angebracht. Dieser ist meistens zu hell und wird abgedämpft, was Lichtverluste bedingt, und merkwürdigerweise begnügt sich außerdem selten jemand im guten Zimmer mit 1 Flamme; kauft man eine Krone, so soll sie schon dreiflammig sein. Von diesen 3 Flammen werden nun gewöhnlich aus berechtigten Sparsamkeitsgründen nur 1 bis 2 gebrannt, was einen unschönen Anblick und eine nicht schattenfreie Beleuchtung ergibt. Bei elektrischem Licht hingegen erleuchtet man selbst größere Zimmer mit 3 bis 5 Lampen zu 25 HK vollkommen ausreichend und wird hierbei weniger zum Sparen genötigt, weil man ja nur soviel HK vorzusehen braucht, als wirklich erforderlich sind. Um zu zeigen, wie man tatsächlich rechnen muß, seien hier unter der Annahme, daß zwei Fünftel aller Lampen gewöhnlich gleichzeitig brennen, die Beleuchtungskosten in 1000 Brennstunden für eine geräumige Dreizimmerwohnung, sowohl für Gas als auch für elektrisches Licht, aufgestellt. Zugrundegelegt sind nach der vorstehenden Tabelle für je 100 Kerzenstunden 1,6 Pf. bei Gas- und 4 Pf. bei elektrischer Beleuchtung.

Beleuchtungsart	Wohnz.	Gutes Z.	Schlafz.	Korridor	Toilette	Küche	Zus. HK
Gas	4×110	3×110	1×110	1×35	1×35	1×110	1060

$$\text{Kosten von } 1060 \times 0{,}4 = \frac{424 \text{ HK} \times 1{,}6 \times 1000}{100} = \textbf{M. 67,84.}$$

Beleuchtungsart	Wohnz.	Gutes Z.	Schlafz.	Korridor	Toilette	Küche	Zus. HK
Elektr. Licht	6×25	4×25	1×25 1×16	1×10	1×10	1×25	336

$$\text{Kosten von } 336 \times 0{,}4 = \frac{135 \text{ HK} \times 4 \times 1000}{100} = \textbf{M. 54,—.}$$

Diese Rechnung geht also schon zugunsten der Elektrizität aus; das Verhältnis der beiden Zahlen verschiebt sich aber noch weiter dadurch, daß Gasglühlicht ganz wesentlich schneller in seiner Leuchtkraft abnimmt, und daß es sehr häufig nutzlos brennt, weil die Auslöschung und Wiederanzündung zu unbequem ist. Nicht unberechtigt wäre es daher, wenn man annähme, daß bei Gasbeleuchtung 45, bei elektrischer Beleuchtung 35 % aller Lampen gleichzeitig brennen; dann erhält man für das vorerwähnte Beispiel die Zahlen:

76,32 M. für Gas-
und 47,04 M. für elektrische Beleuchtung.

Dabei ist vorausgesetzt, daß an den Gasbrennern Kleinsteller vorhanden sind, fehlen diese, so sind für Gas 50 bis 60 % einzusetzen.

Nunmehr komme ich zu meiner eigentlichen Aufgabe: die Einrichtung von Wohnräumen mit elektrischen Anlagen zu besprechen. Verhältnismäßig am einfachsten sind alle diesbezüglichen Fragen zu regeln, sofern jemand für sein eigenes, bereits fertig gebautes Grundstück, das nur er selbst mit seiner Familie bewohnt, zu bestellen hat, und dieser Fall ist heutzutage bei der Ausbreitung der Überlandzentralen recht häufig. Zunächst werden Regeln aufgestellt, die in der Hauptsache nicht nur für den vorerwähnten Fall, sondern auch für die später behandelten Gültigkeit haben:

1. Bei allen Anlagen, deren Kosten erheblich sind, lasse man sich Angebote von mindestens zwei Gewerbetreibenden machen, oder bitte das Elektrizitätswerk um Prüfung des einzigen Angebots, was sich wohl meistens als nutzbringend erweisen wird.

2. Nicht immer soll das billigste Angebot berücksichtigt werden; wie der Staat bei Submissionen, so soll auch jeder andere Auftraggeber die Eigenschaften und den guten Ruf des Anbietenden prüfen. Vom Wettbewerb ausscheiden soll man z. B. solche Installateure, die für die besseren Wohnräume auf Putz Isolierrohr verwenden wollen, denn derartige Rohre verschandeln die Zimmer in unnötiger Weise. Das einzig richtige Material für Verlegung auf Putz in solchen Wohnräumen sind Rohr- oder Manteldrähte, trotzdem sträuben sich immer noch viele Installateure gegen deren Verwendung, und zwar vor allem deswegen, weil ihre Monteure auf diese Verlegung nicht eingeübt sind, darum viel Zeit verbrauchen und mangelhafte Arbeit liefern. Das ist aber noch kein Grund für den Besteller, sich unschönes Material in seine Wohnräume legen zu lassen, zumal auch der Preisunterschied zwischen den beiden Verlegungsarten bei denjenigen Firmen, die ihre Monteure auf der Höhe der Zeit halten, ein recht geringer ist. Noch weniger richtig ist die Verlegung von Litzen oder Schnüren auf Porzellanrollen; abgesehen davon, daß diese an hellen Decken schwarze Striche hervorrufen und im Laufe der Jahre zu schmutzigen Waschleinen werden, sind sie vom Verband deutscher Elektrotechniker (V. D. E.), dem fast alle Elektrizitätswerke und größeren Elektrizitätsfirmen angehören, seit Anfang

Juli 1915 verboten und nur noch für die Kriegszeit gestattet worden.

3. Ein weiterer Grund zur Ausscheidung ist gegeben, wenn der Installateur womöglich in der ganzen Wohnung nicht eine einzige Anschlußdose (auch Steckdose genannt) oder nicht einen einzigen Umschalter vorsieht, mindestens muß er beim Besteller anfragen, ob solche gewünscht werden. Anschlußdosen (siehe Abb. 1) dienen zum Anschlusse beweglicher Tischlampen, von Bügeleisen, medizinischen Apparaten usw.; sie werden später noch mehrfach erwähnt werden. Umschalter gibt es in mehreren Ausführungen; von den beiden am meisten verwandten dient die eine zur Unterleitung, d. h. zur gruppenweisen Einschaltung von Kronen oder mehrflammigen Beleuchtungskörpern, die andere zur

Angebots-Prüfung.

Abb. 1.
Eck-Zetadose

Ein- und Ausschaltung eines und desselben Beleuchtungskörpers von zwei verschiedenen Stellen aus.

4. Wenn es die Verhältnisse nur irgendwie erlauben, ist die Anlage so ausgedehnt wie möglich herzustellen, so daß man die Bequemlichkeiten der elektrischen Beleuchtung überall genießen kann. Man soll nicht etwa denken, in einem oder dem anderen Raume könne Petroleum- oder Gasbeleuchtung der Ersparnis halber verwandt werden, sondern man soll sich stets vor Augen halten, daß jede andere Beleuchtungsart feuergefährlich und bei kleinen Räumen wie Kellern, Mädchen- und Bodenkammern fast durchweg auch teurer im Verbrauch ist. Erweiterungen, zu denen man sich später häufig entschließen muß, verursachen meistens höhere Kosten, als sie bei Bestellung gelegentlich der Ersteinrichtung entstanden wären.

5. Erst dann, wenn man sich darüber klar ist, daß im Kostenanschlag nicht das Geringste vergessen ist, schließe man das Geschäft zu einem festen Preise ab; spätere Wünsche müssen, wie schon eben erwähnt, manchmal teuer bezahlt werden. Abschlüsse nach Zeit und Materialverbrauch sind zwar in der Theorie sowohl für den Besteller als den Ausführenden am gerechtesten, doch trägt eine solche Verrechnungsart bei größeren Anlagen meistens den Keim zu Zwistigkeiten zwischen beiden in sich. Die Monteure können selten so beaufsichtigt werden, wie es nötig ist, und mißbrauchen häufig ihre Freiheit; der Besteller aber will natürlich nur die wirklich geleistete Arbeitszeit bezahlen. Auch die Leistungen der einzelnen Arbeiter sind sehr verschieden, und diese kann der Installateur natürlich besser beurteilen, so daß sein Risiko beim festen Preise weniger groß als das des Auftraggebers bei stundenweiser Verrechnung ist. Werden die Beleuchtungskörper nicht sofort bestellt, so ist wenigstens deren Preis- bzw. Rabattstellung festzustellen, da manche Fabriken den Händlern einen solch hohen Rabatt gewähren, daß auch der Verbraucher noch Rabatt erhalten kann.
6. Es genügt nicht zu vereinbaren, wieviel Schalter und Anschlußdosen zu setzen sind, auch ihre Lage ist genau festzulegen, sonst können durch solche Unterlassungssünden Streitigkeiten und Nachrechnungen verursacht werden.
7. Von Schaltern, Lampenfassungen, Ersatzsicherungen und Leitungsmaterial lasse man sich vor Bestellung Muster zeigen. Die Art der Ersatz-Sicherungen (Stöpsel oder Patronen) ist meist vom Werk vorgeschrieben; vielfach werden reparierte Stöpsel geliefert, die vom V. D. E. verboten und unter Umständen direkt gefährlich sind. Entstehen wirklich durch Kurzschlüsse Brände, was allerdings trotz der häufigen falschen dahinlautenden Zeitungsnachrichten nur sehr, sehr selten vorkommt, so ist stets eine mangelhafte Sicherung schuld, und es kann nicht dringend genug von der Verwendung billiger Sicherungen abgeraten werden. Auch wiederherstellbare und Mehrfachsicherungen sind unbedingt zu

verwerfen. Das Beste auf diesem Gebiete sind zweiteilige Stöpsel ähnlich Abb. Nr. 2. Wichtig

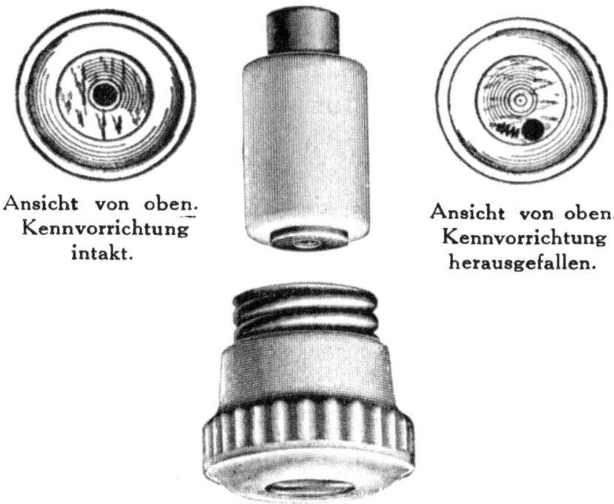

Abb. 2.

ist eine unbedingt sicher wirkende Kennvorrichtung, wie sie im Bilde rechts als herausgefallenes Scheibchen erkenntlich ist. Schalter mit wenig widerstandsfähiger, klappriger Kappe und Fassungen, die sich nach Abnahme des Porzellanringes in der Hand leicht zusammendrücken lassen, sind minderwertig und sollten zurückgewiesen werden. Die Porzellanringe der Fassungen (siehe Abb. 3) sollen so hoch sein, daß die Metallunterteile der fest eingeschraubten Birnen völlig bedeckt sind, andernfalls kann man beim Einschrauben oder Reinigen einen „elektrischen Schlag" erhalten. Die praktischsten Schalter sind diejenigen, bei denen der Griff nicht abzuschrauben geht, und bei denen auch der Laie die Schaltfeder — den empfindlichsten Teil — selbst auswechseln kann (vergl. Abb. 4). Andere Schalter sind zwar etwas billiger; ist aber einer nur entzwei, so muß ein Monteur kommen, und es entstehen Kosten von 2 bis 10 M., je nachdem, wie weit der Weg des Monteurs ist. Bei den meisten Schaltern können die Schutzkappen leicht zerbrochen werden, dann liegen

Abb. 3.

stromführende Teile ungeschützt da, und deren Berührung ist lebensgefährlich. Althergebracht ist für Schalter die schwarze Farbe; weniger auffällig, zumal auf hellen Tapeten, sind weiße Schalter; jedenfalls empfiehlt sich auch die Klärung dieser Frage v o r der Bestellung. Anschlußdosen sollen einen erhöhten Rand, die zugehörigen Stecker eine Verbreiterung besitzen; durch beide Vorschriften soll erreicht werden, daß es unmöglich ist, die Stifte des Steckers zu berühren, sobald und solange Strom durch dieselben fließt. Bei gesicherten Anschlußdosen sollen die Sicherungsstreifchen im abnehmbaren Kopf und nicht im Unterteil liegen (vergl.

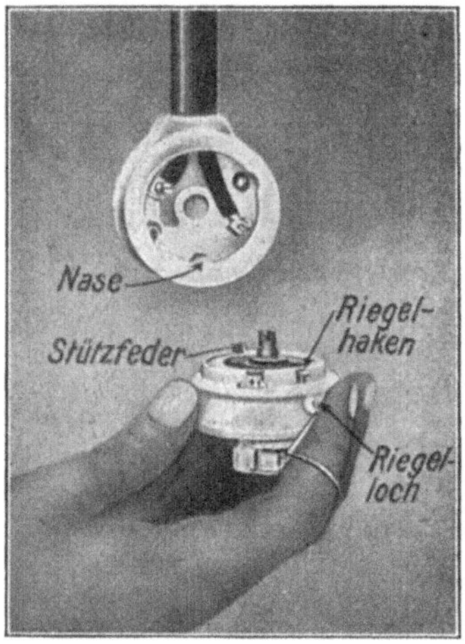

Abb. 4.

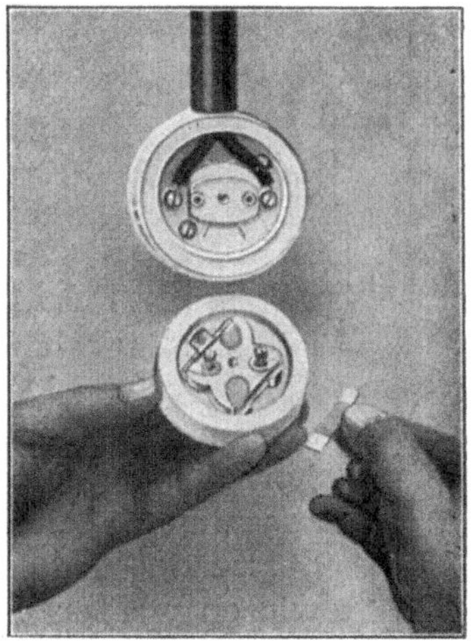

Abb. 5.

Abb. 5), weil sonst der Laie beim Auswechseln leicht Kurzschluß macht. In Küchen verwendet man, sofern häufige Wasserdampfbildung zu erwarten ist, Porzellanfassungen, in Badezimmern und Waschküchen Armaturen mit Übergläsern.

Auch die Glühlampen kaufe man nicht unbesehen, sondern vereinbare das Fabrikat. Am besten wählt man Siemens & Halskesche W o t a n -, Bergmann-, A. E. G.-oder Osramlampen, in Deutschland werden nur diese, in Oesterreich-Ungarn die Ferro-Watt-, Tungsram- und Kremenetzkylampen nach denjenigen gleichen patentierten Verfahren hergestellt, denen ihre hervorragende Qualität zu danken ist, und ihr Leuchtdraht wird in einer Länge über das ganze Gestell gewickelt. Bei den anderen Lampen hat der Draht, der hier in Wirklichkeit diesen Namen selten verdient, nicht die gleiche mechanische Festigkeit, oder er muß an den Wendepunkten geschweißt werden; jede solche Schweißstelle ist aber häufig der Sitz einer Fehlerquelle. Kohlefadenlampen sollten nur mit 5 HK verwandt werden und dann auch nur da, wo sie entweder häufig zerschlagen oder häufig gestohlen werden; sie sind zwar billig in der Anschaffung, doch ist ihr Stromverbrauch $3^1/_2$ mal so hoch als der von gleich starken Metalldrahtlampen; nicht einmal geschenkte Kohlefadenlampen soll man verwenden. Die Wahl der Anzahl und der Lichtstärke der Lampen für die einzelnen Zimmer treffe man selbst und überlasse sie nicht allein dem Installateur. Oft setzt dieser zu lichtstarke Lampen ein, und beim Auswechseln werden später gedankenlos immer wieder Lampen der gleichen Lichtstärke eingesetzt, so daß Strom unnötig verbraucht wird. Andererseits ärgert sich mancher über zu schwache Beleuchtung so lange, bis die Auswechslung der Birne nötig geworden ist, weil er sie nicht eher wegwerfen will. Auch ist das Lichtbedürfnis durchaus nicht bei allen Menschen gleich, was hier zu bedenken ist. Eine den Besitzer befriedigende Beleuchtung wird ein anderer manchmal als „zu duster", ein dritter als zu grell bezeichnen, daher lasse jeder bei der Auswahl sein eigenes Empfinden entscheiden, nachdem er zuvor die Ratschläge des Fachmannes angehört hat.

8. Viel gesündigt wird seitens der Installateure bei der Anordnung der Zähler- und Verteilungstafeln; am meisten ist dies wohl in großen Städten geschehen. Mehrfach wurden teure Platten mit fast überflüssigen Prüfklemmen zum Preise von beispielsweise 11,50 M. für die Zähler vorgeschrieben, Hauptschalter und doppelte Sicherungen mußten gesetzt werden, die Wände wurden an den betreffenden Stellen sehr beschädigt, und die Verbindungsleitungen wurden durch Gummischlauch oder Isolierrohr vor Berührung geschützt. Eine derartige Anlage

zeigt Abb. Nr. 6 und ihr Gegenstück die Nr. 7. Hier sieht man Zählertafel, Sicherung und Hauptschalter in einem hübschen Apparat vereinigt, der für 12 M. geliefert werden kann, der leicht sauber zu halten ist und insofern wichtige Vorschriften erfüllt, als

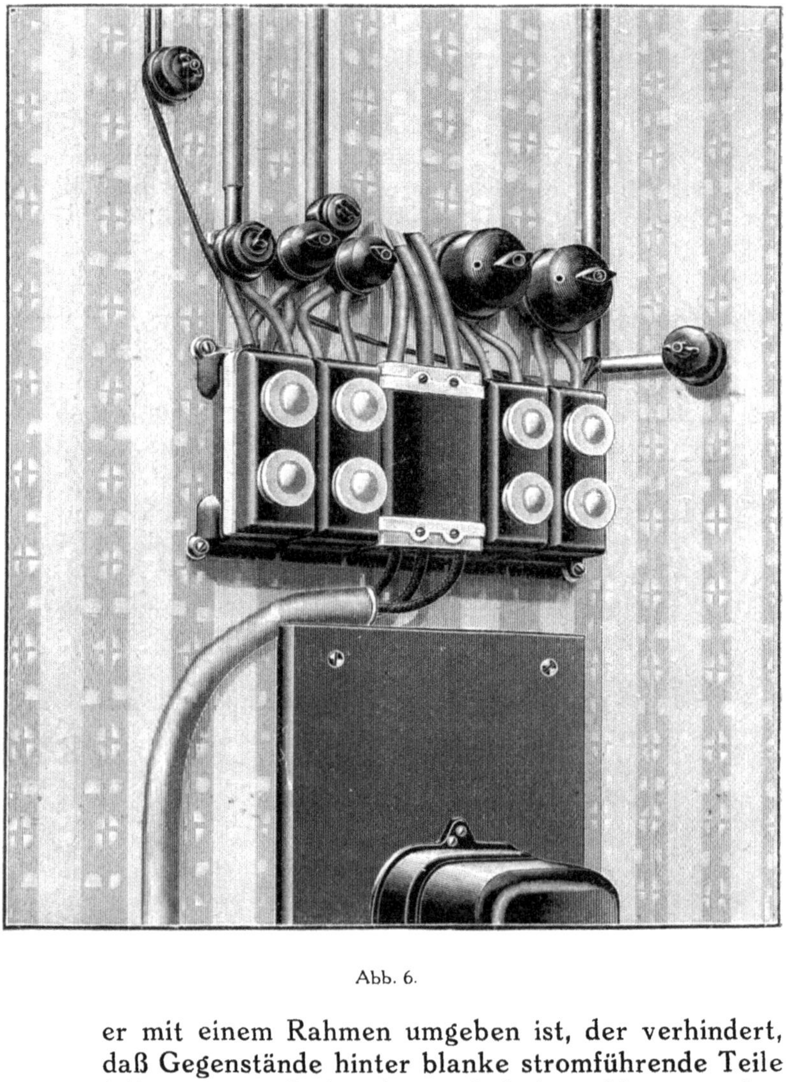

Abb. 6.

er mit einem Rahmen umgeben ist, der verhindert, daß Gegenstände hinter blanke stromführende Teile fallen, was z. B. bei den so beliebten Marmorsicherungstafeln Kurzschlüsse und damit Störungen ermöglicht. Eine ähnlich gute Anordnung zeigt Abb. 7 a. Vielfach wird hier allerdings der Installateur machtlos sein, sofern das Elektrizitätswerk bestimmte Tafeln — manchmal sogar die für Verteilungssicherungen verbotenen Holztafeln — vorschreibt oder selbst liefert; man äußere aber trotzdem seine Wünsche. Steter Tropfen höhlt den Stein, und es steht außer Frage, daß mit der Zeit jedes Werk die vorteilhafteren, vollkommeneren und preiswerteren Apparate einführt, wie es u. a. das städtische Elektrizitätswerk München bereits getan hat, das durchweg solche Tafeln liefert.

9. Vor Vergebung des Auftrages überlege man sich reiflichst, ob man elektrische Bügeleisen, Heiz- und

Abb. 7.

Abb. 7a.

Kochapparate verwenden wird. Bislang sind solche ihrer Bedeutung entsprechend durchaus nicht in genügendem Maße eingeführt, und zwar deswegen, weil viele Anlagebesitzer gar nicht wußten, daß für diese Zwecke Strom zum Krafttarif geliefert wird. Ein Bügeleisen, das 400 Watt verbraucht, kostet beim Lichttarif von 40 Pf. stündlich 16 Pf., beim Krafttarif von 15 Pf. aber nur 6,0 Pf., und bei solchen Kosten ist es erst genügend wirtschaftlich. War diese Tarifanwendung aber bekannt, so wurde die Verwendung oft durch die Vorschrift des Werkes gehindert, daß ein besonderer Zähler gesetzt werden müsse, dessen Anlage ziemlich teuer kam, und für den zum zweiten Male Miete zu bezahlen war. Es gibt sogar Werke, die nur unter der Bedingung der Garantie einer ziemlich hohen Stromentnahme Heizstromzähler setzen, und die sich dann noch beklagen, daß in ihrem Betriebe zu wenig elektrisch gekocht und geplättet wird. Auch Vergütungszähler sind geliefert worden, die mit der Anschlußdose der Lichtleitung lösbar verbunden werden, und die besondere Kraftleitungen überflüssig machen, die aber lediglich die verbrauchte Stundenzahl anzeigen, nur für besonders eingestellte Stromstärken verwendbar sind und häufig Anlaß zu Streitigkeiten zwischen Werk und Verbraucher geben. Ein anderes System einer englischen Firma ist anscheinend mechanisch nicht gut gearbeitet und setzt häufig aus. Zurzeit kommen — zunächst für Wechselstrom — Stromvergütungszähler auf den Markt, die diese Nachteile nicht haben und berufen scheinen, eine Umwälzung in dieser Beziehung hervorzurufen. Einige Werke lösen diese wichtige Tariffrage in der einfachsten Weise mit Grundgebührtarif dadurch, daß sie beispielsweise für eine Dreizimmerwohnung 30 M. Jahrespauschale und für die verbrauchte kWh 10 Pf. berechnen, dann kostet das vorerwähnte Bügeleisen stündlich nur 4 Pf., und der Besteller einer Neuanlage für Anschluß an ein solches Werk braucht nur zu überlegen, ob er außer den für Tischlampen vorgesehenen Anschlußdosen besondere nur für Bügeleisen oder Kochtöpfe benötigt. Ähnlich verhält es sich bei Elektrizitätswerken, die für die meisten Tagesstunden den Strom billig und in den Sperrstunden von 4—7 Uhr zu hohem Preise abgeben (Doppeltarif), oder die, sobald der vorher für Beleuchtung festgestellte gewöhnliche gleichzeitige Höchstverbrauch 300 Stunden lang abgenommen ist, für den Rest des Jahres einen wesentlich billigeren Preis anrechnen (Benutzungsdauertarif). Für die Einwohner solcher Städte und Ortschaften fallen natürlich die später mehrfach erwähnten Leitungen zum Kraftzähler fort, worauf besonders aufmerksam gemacht wird. Für die weniger glücklichen Stromverbraucher empfiehlt sich eine Anfrage beim Elektrizitätswerk, ob nicht einer der neuen billigen Doppeltarifzähler gesetzt werden kann, die nur mit einem Zählwerk arbeiten, gegen billigsten Mietssatz abgegeben werden können, aber besondere Leitungsanlagen und Anschlußdosen für Stecker mit anders geformten Stiften erfordern. Welche Verrechnungsart die beste ist, diese Frage muß hier unerörtert bleiben, da sie zurzeit noch nicht genügend geklärt ist, auch ist diese Frage eine sehr verwickelte, weil neben den Verbraucherinteressen technische und wirtschaftliche Gesichtspunkte zu berücksichtigen sind. Jedenfalls befrage man sich beim Elektrizitätswerk selbst, da man dort die erschöpfendste Auskunft erhalten wird. Manche Werke stellen auch verschiedene Tarife zur Wahl; dann ist derjenige gewöhnlich der beste, bei dem sich das Kochen und Plätten am billigsten stellt.

Einfachleitung

Doppelleitung
Abb. 8.

10. Oft übergibt der Installateur eine Zeichnung, nach welcher zu arbeiten er sich verpflichtet, und in welcher Schalter, Beleuchtungskörper usw. eingezeichnet sind. Man lasse sich die Zeichnung erklären und prüfe genau, ob allen mündlichen Abmachungen entsprochen ist; hinterher werden oft Einwände unter Bezugnahme auf die Zeichnung abgewiesen.

W ä h r e n d   d e r   A u s f ü h r u n g   d e r   A r b e i t e n beobachte man den Fortschritt derselben und die Beachtung aller Wünsche. Es kommt vor, daß der Verkäufer einer größeren Firma sich um die Ausführungen nicht zu kümmern braucht, und daß er vergißt, die Monteure genügend zu unterrichten. Wie schon früher erwähnt, sollten in den besseren Wohnräumen auf Putz nur Rohrdrähte oder Mantelleitungen verlegt werden, denn ihr äußerer Durchmesser beträgt 5 bis 10 mm, der vom Isolierrohr mindestens 16 mm. Abb. 8 zeigt Rohrdrähte in natürlicher Größe. Nach Verlegung können solche Leitungen in der Farbe der Decke oder Tapeten gestrichen werden, und sie fallen, weil sie sich überall anschmiegen, sehr wenig ins Auge. Oft ist es angebracht, die Leitungen statt an der Decke auf der Scheuerleiste zu verlegen und sie dann zum Schalter hochgehen zu lassen, doch muß in diesem Falle Rohrdraht mit Feuchtschutzisolation verwandt werden. Des besseren Aussehens wegen und um die Wände für die Möbel ganz aus-

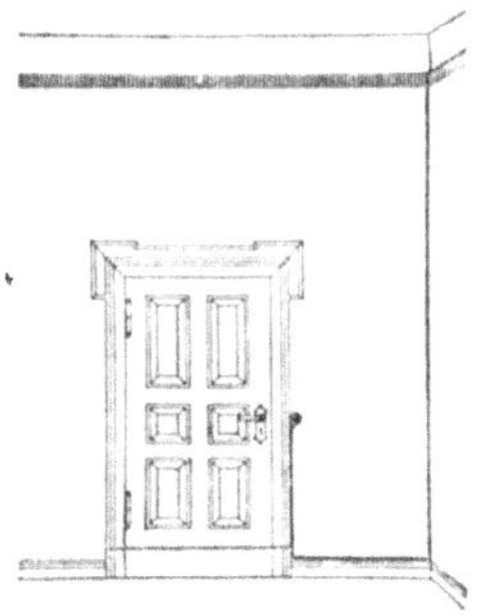

Abb. 9.

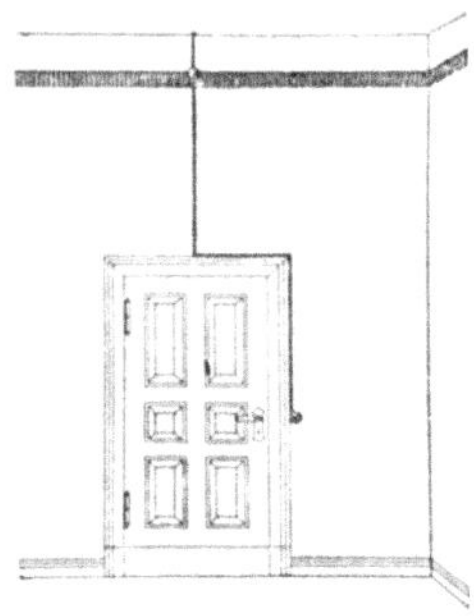

Abb. 10.

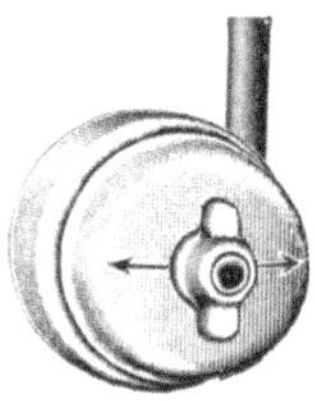

Abb. 11.

nutzen zu können, empfiehlt es sich, die Rohrdrähte direkt an der Türverkleidung oder in Ecken (vergl. Abb. Nr. 9 und 10) verlegen und dann Schalter mit ausgespartem oder Eckfuß verwenden zu lassen; Abb. 11 zeigt einen solchen Schalter, den man unmittelbar neben den Türrahmen setzen kann; Abb. 1 Seite 9 zeigt eine Steckdose mit Eckfuß. Ganz

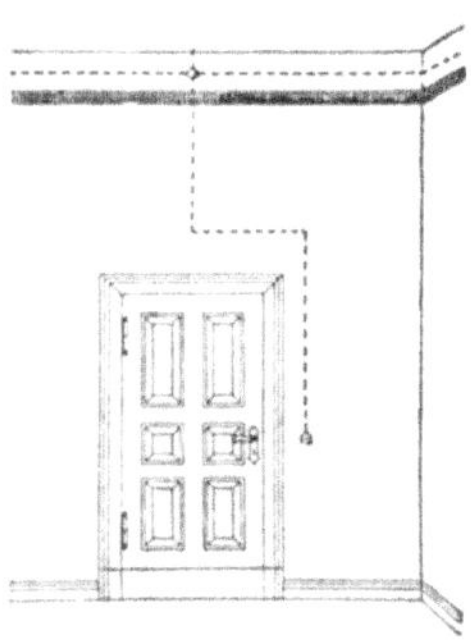

Abb. 12.

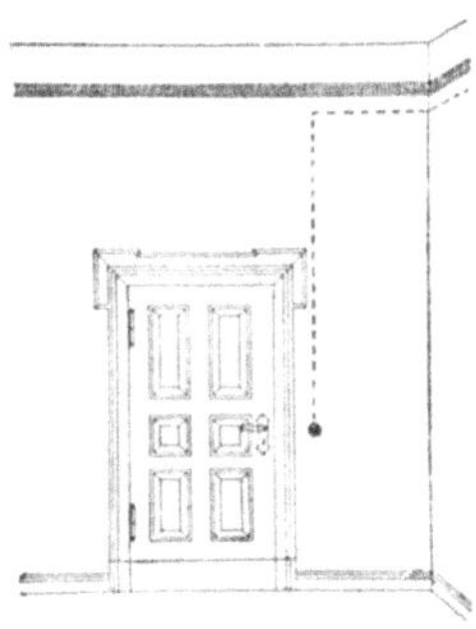

Abb. 13.

unschön ist die sehr häufig anzutreffende Anordnung von Schaltern, wie sie Abb. 12 und 13 zeigen. In Stuckverzierungen können schmale Rinnen eingesägt werden; in manchen Fällen wird man auch die Schalterzuleitungen im Nebenraum hochgehen lassen und die Wände hinter dem

Schalter durchbohren. Die Vorschriften des V. D. E. (Verbands deutscher Elektrotechniker) besagen, daß isolierte Leitungen in erreichbarer Höhe besonders gegen Berührung zu schützen sind; diesen Schutz bieten entweder Isolier- oder Peschelrohre, oder aber die Metallmäntel der Rohrdrähte bzw. Mantelleitungen. Bei den letztgenannten beiden Arten Installationsmaterial kommt ein Verstoß gegen die eben erwähnte Vorschrift fast nie vor, wohl stets wird der Mantel erst innerhalb der Schalter usw. entfernt, dagegen werden derartige Fehler oft bei Verwendung von Isolierrohr gemacht. Zu vermeiden sind solche Verstöße sehr leicht; meist sind sie auf mangelnde Gewissenhaftigkeit seitens der Monteure oder auf nicht richtig ausgewähltes Material zurückzuführen. Der Zweck der Vorschrift ist der, böswillige oder fahrlässige Beschädigungen der Leitungsanlage, die zu Kurzschlüssen führen können, möglichst hintan zu halten, und ihre Beachtung liegt daher am meisten im Interesse des Anlagebesitzers; außerdem kann durch solche Fehler die Abnahme der Anlage seitens des Werks verzögert werden.

Wohn-, Schlaf- u. gutes Zimmer.

Es wird nun zu Einzelheiten übergegangen, die in den verschiedenen Räumen zu beachten sind.

Speise- und Wohnzimmer.

Als Beleuchtungskörper wird am häufigsten die Zuglampe oder die Krone mit Mittelzug verwandt; bei ersterer ist ein weißer Milchglasschirm zu empfehlen. Stoffschirme sind für das Auge der am Tische sitzenden Personen am angenehmsten, doch werfen sie das Licht fast nur auf den Tisch und lassen die Wände im Schatten. Durch Milchglasschirme wird dieser Übelstand ein wenig gemildert, und für das Auge wirken sie auch noch „schirmend". Immer ist es angebracht, unter dem Schirm 2 Lampen anzuordnen, deren eine in einer Kettenfassung sitzen sollte. Für gewöhnlich ist nur eine Lampe eingeschaltet, und durch Zug an einem feinen Kettchen (s. Abb. 14) kann man dann das Licht verstärken, was z. B. bei Näharbeiten oft erforderlich ist; man ist aber auch in der Lage, gerade an dieser Stelle, wo wohl am längsten Licht benötigt wird, an Strom zu

Abb. 14.

sparen. Ist der Raum groß, oder spielen Kinder viel darin, so ist eine Krone erforderlich, die außer dem Mittelzug gewöhnlich noch 3 Lampen hat. Ein Gruppen- oder Kronenumschalter ist dann vorzusehen, der es erlaubt, abwechselnd die Mittel- oder die Außenlampe oder auch alle zusammen zu brennen. Will man von den Außenlampen manchmal nur eine brennen, so läßt man beide Schirmlampen mit Kettenfassungen versehen und nur die Außenlampen durch den Gruppenschalter bedienen. Eine nicht mehr zu übertreffende Bequemlichkeit bezüglich des Einschaltens würde es bedeuten, wenn die Kettenfassungen für diesen Zweck mit Umschalter angefertigt würden, oder wenn die Kronenfabrikanten sich entschließen könnten, an der Krone Zugumschalter anzubringen. Bislang wurde dies wohl noch nicht ausgeführt, jedoch kann den Zugschalter auch ein geschickter Installateur anbringen. Mehr als 3 Außenlampen dürften fast nie erforderlich sein, durch entsprechend starke Lampen, die nötigenfalls schräg angeordnet werden, und deren Lichtausstrahlung durch Preßglasreflektoren (ähnlich Abb. 15) nach unten verstärkt werden kann, wird man stets eine ausreichende Beleuchtung erzielen können. In jeder Beziehung richtig ist eine solche Krone erst dann, wenn das Zimmer und auch der Tisch gleichmäßig und schattenfrei bei hochgezogenem Schirm nur mit den Außenlampen beleuchtet werden kann. Weitere Einzelheiten über Beleuchtungskörper sind in einem späteren Sonderkapitel behandelt.

Abb. 15.

Eine große Rolle spielt bei Auswahl der Lampenstärke die Farbe der Tapeten; während man bei hellen Tapeten mit 16- oder 25-HK-Lampen auskommt, wird man bei roten oder dunklen Tapeten 32- oder 50-HK-Lampen brauchen. Für Klavier-, Erker-, Nähtisch- oder Schreibtischbeleuchtung sind Anschlußdosen vorzusehen, sofern sie für erforderlich gehalten werden, oder sofern nicht für den einen oder andern Zweck ein fester Beleuchtungskörper zweckmäßig erscheint. Desgleichen empfiehlt es sich, eine Anschlußdose — eventl. mit besonderer Zuleitung zum Kraftzähler — für Betrieb von Staubsaugern, Nähmaschinenmotoren, Fächerventilatoren, Kaffeewärmern, Brotröstern, Teekesseln, kleinen Kochtöpfen usw. anlegen zu lassen. Die Hausfrau kann dann auch im Wohnzimmer bügeln lassen und am Eßtisch Speisen und Getränke bereiten oder wärmen. Im Notfalle können fehlende feste Anschlußdosen später durch Fassungssteckdosen ersetzt werden, die man an Stelle von Glühlampen in Fassungen einschraubt; zweckmäßig wähle man solche mit Sicherungslamellen. Für das Schülerpult oder den Kinderspieltisch lasse man einen Wandarm mit Kettenfassung anbringen, damit die Kinder nicht gezwungen sind, abends am Speisetisch zu arbeiten oder zu spielen. Jedenfalls wolle man im Wohnzimmer möglichst wenig bei der Anlage sparen, denn eine zweckentsprechende Beleuchtung macht diesen Raum an langen Winterabenden entsprechend „wohnlich", und durch Stromersparnis können die Mehrkosten der Anlage bald wieder ausgeglichen werden.

Gutes Zimmer (Salon).

Man wählt meistens als Mittelbeleuchtung eine mehrflammige Krone, in niedrigen Zimmern eine solche Deckenbeleuchtung, die mittels Gruppenschalter bedient wird. Da hier seltener beleuchtet wird, wird man diese Krone nicht nach Sparsamkeitsgesichtspunkten, sondern nur nach dem persönlichen Geschmack wählen; bezüglich der Ausführung wird auf das Sonderkapitel über Beleuchtungskörper verwiesen. Hat das Zimmer zwei Eingänge, so empfiehlt es sich, eine Flamme der Krone mit zwei Wechselschaltern zu verbinden, von denen je einer an jeder Tür angebracht wird, und die es gestatten, von jeder Tür aus diese Lampe ein- und auszuschalten; dadurch wird vermieden, daß man im Dunkeln den Schalter zu suchen hat. Der eine Wechselschalter muß einen Fuß für durchgehende Leitung besitzen, weil unter ihm noch ein Ausschalter zu sitzen kommt, mit Hilfe dessen die übrigen Kronenlampen eingeschaltet werden; ist deren Zahl groß, so kann dieser Ausschalter auch durch einen Gruppenumschalter ersetzt werden, und man hat dann die Möglichkeit, die Krone in drei Stufen einzuschalten.

Anschlußdosen sind hier nötigenfalls vorzusehen für Klavier-, Schreibtisch- oder Zierbeleuchtungen. Wertvoll kann ein solcher Anschluß auch für kurzzeitige Heizung — z. B. bei Besuch — sein, doch ist dann Zuleitung zum Kraftzähler erforderlich. Wie schon auf Seite 18 erwähnt, kann man die Leitung teilweise in den benachbarten Räumen verlegen und sie den Schaltern von hinten zuführen lassen. Sind oben auf der Tapete Holzleisten, so kann man die Rohrdrähte kurz über dieser anbringen; ferner verlegt man, wie schon früher erwähnt, die Leitung, die in solchen Fällen Feuchtschutzisolation haben muß, oft auf der Scheuerleiste und geht unter den Schaltern und Steckdosen in die Höhe; nur über einen von sämtlichen Schaltern hinweg ist die Leitung dann zur Decke und zur Krone zu führen. Werden die Röhren noch weiß, bzw. in der Farbe der Tapete gestrichen, und werden zum Teil die Möbel davorgestellt, so ist von der Anlage wenig oder gar nichts zu sehen.

Schlafzimmer.

Im allgemeinen genügt wohl ein einflammiges Pendel, dessen Lampe mit Glasstäben, einer Überglocke oder einem Stoffschirm so zu umgeben ist, daß der im Bett Liegende nicht in die unbedeckte Glühbirne sieht. Mit Recht sehr beliebt sind für diesen Zweck nach unten geschlossene Marmorschalen, die ein den Augen angenehmes Licht verbreiten. Für Leute mit besonders lichtempfindlichen Augen bringt man einen besonderen Dunkelschalter an, den auch Krankenhäuser vielfach verwenden, und der besonders in Krankheitsfällen wohltätig empfunden wird. Stets werden Wechselschalter (auch Hotel- oder Bettschalter genannt) angebracht, der eine an der Tür, der zweite am Bett. Für letzteren empfiehlt sich der durch eine Schnur betätigte Zugschalter. Stehen zwei Betten längsseitig aneinander, so liegt die Schnur zwischen den Betten; stehen zwei Betten hintereinander, so kann man an einen und denselben Schalter zwei Schnüre angreifen lassen, von denen die eine so über kleine Rollen geführt wird, daß auch ihr Zug senkrecht zum Schalter wirkt. Birnendruckschalter sind zu verwerfen, weil ihre Haltbarkeit gering, ihr Preis aber hoch ist; wegen Feuergefährlichkeit sind sie vom V. D. E. sogar verboten. Wird ein mehrflammiger Beleuchtungskörper gewählt und Gruppenschaltung gewünscht, so läßt man eine Flamme durch die Bettschalter, die anderen durch einen Ausschalter bedienen, der dann Schalterfuß für durchgehende Leitung haben muß. Einen Wandarm, der in manchen Fällen auch als einzige Beleuchtung genügt, bringt man, falls erforderlich, über dem Waschtisch und neben diesem vielleicht eine zum Kraftzähler führende Anschlußdose für den Brennscherenwärmer an; von dieser aus kann man dann auch Heizkissen, Heizlampen, Vibrationsmassageapparate, Heißluftduschen usw. speisen.

Sehr häufig wird über jeden Nachttisch oder wenigstens über einen derselben eine Lichtsteckdose gesetzt, und man hat dann die Möglichkeit, mit Hilfe einer 16-HK-Lampe im Bett zu lesen; die Hauptbeleuchtung wird selten bequemes Lesen gestatten, und oft verzichtet man daher auf diese und wählt nur Wasch- und Nachttischlampen (letztere sollen stets Kettenfassung haben). In die Anschlußdosenzuleitung werden dann noch Umschalter gelegt, deren einer ein Zugschalter sein sollte, so daß die Einschaltung der Lampen ebenso bequem wie bei der andern Anordnung ist.

Kinderzimmer. Nebenräume.

Küche.

Für diesen Raum dürften nur wenig Ratschläge erforderlich sein. Fast immer wird ein einfaches Rohrpendel mit Porzellanfassung und Emailleschirm gewählt, das durch einen Ausschalter bedient wird. Ist viel Wrasen in der Küche, so wähle man Überglasarmatur und feuchtigkeitssicheren Ausschalter mit auswechselbarer Feder, um Ausbesserungsarbeiten zu vermeiden. Noch besser ist es, wenn der Schalter außerhalb solcher feuchten Küchen angebracht wird. Wichtig ist natürlich eine Anschlußdose, die zum Kraftzähler führt, damit in der Küche elektrisch geplättet, gekocht, gebraten, vielleicht auch gebacken werden kann. Werden mehrere elektrische Kochapparate gleichzeitig benutzt, so muß man eine Tafel mit einigen Steckdosen nebst zugehörigen Ausschaltern anbringen lassen.

Balkon oder Veranda.

Wenn hier nicht gerade sehr häufig zu Abend gespeist wird, genügt es, eine gekapselte Anschlußdose (mit nach unten offenen Stecklöchern!) anbringen zu lassen; man nimmt bei Bedarf die Tischlampe mit hinaus und kann die Beleuchtung damit nach Wunsch anordnen. Andernfalls wähle man einen eisernen Wandarm oder ein eisernes

Pendel mit Überglocke; andere Beleuchtungskörper sind hier mehr oder weniger dem Verderben ausgesetzt, auch Schnurpendel sind unbedingt zu vermeiden.

Korridor und Diele.

Gewöhnlich kommt man mit einem Beleuchtungskörper aus, für den meistens 10—16 HK genügen. Ist der Korridor lang, so wird sich die Anbringung zweier Wechselschalter, unter Umständen auch die zweier Beleuchtungskörper empfehlen, die gesondert zu schalten sind, und deren einer mittels Ausschalter bedient wird. Die Wechselschaltung ist wegen des Speisetragens von und zur Küche sehr wichtig und ist auch an Treppen nötig, die von anderen Stockwerken zum Korridor führen.

Abort.

Ist dieser nicht im gleichen Raum wie die Badegelegenheit, so genügt zur Beleuchtung 1 Lampe zu 10 HK in einer schrägen Wandfassung mit Glasschale (s. Abb. 16), bedient durch einen Ausschalter. Da hier oft auszuschalten vergessen wird, bringt man bisweilen Türschalter an, die selbsttätig beim Öffnen der Tür schalten; ein gewöhnlicher Ausschalter ist trotzdem noch erforderlich, damit das Licht nicht auch am Tage selbsttätig eingeschaltet wird. Vielfach sind aber diese Tür- oder Klosettschalter nicht genügend kräftig gebaut und machen öfter Ausbesserungsarbeiten oder Auswechslung nötig. Ist der Raum ohne Heizung, so empfiehlt sich mit Rücksicht darauf, daß man ihn häufig im Nachtgewand aufsucht, die Anbringung einer Kraftanschlußdose und die Aufhängung einer einzelnen Heizlampe mit Porzellanfassung, nicht zu hoch montiert; die Wand sichere man, sofern sie gegen Hitze empfindlich ist, durch ein Stück Asbestpappe. Wem es auf die Kosten nicht ankommt, der kann sich natürlich auch einen kleinen elektrischen Ofen setzen lassen. Die Heizlampe verbraucht etwa 250 W, und wenn sie an 180 Tagen je 15 Minuten lang benutzt würde, so würde das einen Stromverbrauch von 11,25 kWh

Abb. 16.

im Jahre ergeben. Ist der Abort auf dem Hofe gelegen, so bringe man den Schalter im Wohnhause an und lasse die Lampe so anordnen, daß sie auch den Zugang beleuchtet.

Badezimmer.

Hier muß man stets Überglasarmaturen (wie Abb. 17) und eiserne Pendel oder eiserne Wandarme wählen; anstatt der letzteren empfiehlt sich, sofern der Raum klein ist, eine Armatur ähnlich Abb. Nr. 18, der Schutzkorb ist nur selten nötig. Der Schalter soll entweder außerhalb des Badezimmers angebracht oder soll gekapselt sein und soll eine auswechselbare Feder haben. Elektrische Bade-

Abb. 17

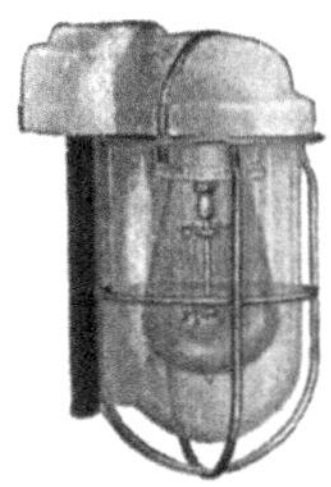

Abb. 18.

wasserheizung wird nur bei ganz billigem Krafttarif zu empfehlen sein. Um 250 Liter Wasser von 10 ° auf 35 ° C. zu erwärmen, muß man 10 kWh Strom verbrauchen. Nötigenfalls ist eine Rückfrage beim Werk zu empfehlen, ob ein Ausnahmetarif für einen Heißwasserspeicher gewährt werden kann, der das heiße Wasser zur Nachtzeit erzeugt und aufspeichert; manche Werke sind nämlich geneigt, nachts größere Strommengen zu einem besonders billigen Tarife zu liefern. In einem solchen Apparat erzeugt man in 12 Stunden mit einem Gesamtstromaufwand von ungefähr 7,2 kWh 80 Liter Wasser von 80 ° C.; bei einem Strompreise von 5 Pf/kWh, der für Nachtverbrauch gewährt werden kann, bedeutet das eine Ausgabe von 36 Pf.

Kinder-, Herren- und Fremdenzimmer.

Für alle diese Zimmer sind besondere Regeln nicht aufzustellen. Es empfiehlt sich, die Anordnung der Beleuchtungsanlage nach den für Wohn- und Schlafzimmer, vielleicht auch nach den für das gute Zimmer aufgestellten Gesichtspunkten von Fall zu Fall zu treffen. Zu beachten ist nur, daß Kinder durch plötzlich eingeschaltetes Licht im Schlafe nicht gestört werden dürfen, und daß sie auch im Bett lesen wollen. Sollen größere Ausgaben vermieden werden, so wähle man zur Erreichung dieses Zwecks Mittelbeleuchtung durch ein Zugpendel und umhülle die Birne nachts durch einen Beutel aus dunklem Stoff; bequemer erreicht man denselben Zweck durch einen Dunkelschalter. Steckdosen dürfen niemals fehlen, vor allem deswegen, weil man bei Krankheiten andere Vorkehrungen als in gewöhnlichen Zeiten treffen muß.

Treppenbeleuchtung.

Im Einfamilienhause bedient man die Treppenbeleuchtung durch Wechselschaltung, bei mehreren Treppenabsätzen durch Kreuzschaltung oder noch besser durch einen nach wenigen Minuten selbsttätig unterbrechenden Treppenschalter, der durch an beliebig viel Stellen anzubringende Druckknöpfe (an der Eingangstür durch Türkontakt) erregt wird. Es wird meistens genügen, wenn die Treppe nur bei Bedarf erleuchtet wird. Ankommende schalten das Licht durch den Türkontakt ein, während Weggehende sich der Druckknöpfe bedienen. Türkontakte sind allerdings selten dauerhaft und zweckmäßig, und man bringt dafür neuerdings einen Druckknopf ganz in der Nähe der Tür an. Im Mietshause muß ein besonderer Umschalter vorgesehen werden, mit Hilfe dessen die Treppenbeleuchtung bis 10 Uhr dauernd und die zeitweilige Beleuchtung für die Nacht eingeschaltet wird. Das Vollkommenste auf diesem Gebiete sind Schaltuhren (wie Abb. 19), die jeden Tag zur bestimmten Zeit ein-, um- und ausschalten, die gestatten, die kurzzeitige Beleuchtung für Perioden von 1½ bis 3 Min. einzustellen, und die ihre Einschaltung auch noch selbsttätig nach dem veränderlichen Zeitpunkt des Einbruchs der Dämmerung regeln. Ihr Anschaffungspreis beträgt nur etwa 90 M., die geringen Mehrkosten werden durch die erhöhte

Sicherheit und Bequemlichkeit, sowie durch Wegfall fast jeglicher Bedienung für die Treppenbeleuchtung reichlich aus-

Abb. 19.

geglichen. Als Lampen genügen in der Regel solche von 10—16 HK.

Für

Boden und Keller

ist elektrische Beleuchtung schon wegen der erhöhten Feuersicherheit unbedingt zu empfehlen. Die Stromkosten spielen meistens fast keine Rolle, da gewöhnlich 10-HK-Lampen genügen und diese oft nur einige Stunden im ganzen Jahre in Betrieb sind. Man wird hier natürlich auch denkbar einfachste, daher billige Beleuchtungskörper wählen; für den Keller sind vielfach Schutzglasarmaturen vorgeschrieben, die man auch manchmal für Böden nimmt. Sind enge, niedrige Gänge zu beleuchten, so ist wieder die Armatur Nr. 18 angebracht; durch Drahtschutzkorb kann man sie gegen Beschädigung schützen. Muß man im Keller oder im Bodenraum öfters etwas suchen, so kann man dies durch Handlampen (s. Abb. 20) erleichtern, für welche Anschlußdosen angebracht werden müssen. Die Vorschriften für diese Handlampen sind wegen mehrerer, durch ihre früher

Abb. 20.

mangelhafte Bauart bewirkter Unglücksfälle sehr streng und man vergewissere sich beim Einkauf, daß man vorschriftsmäßige Ware erhält.

Mädchen- und Burschenstuben.

Da bei geringem Lichtbedarf keine Beleuchtungsart im Verbrauch billiger ist als elektrisches Licht, und 10—16 HK für kleine Räume vollauf genügen, statte man auch Mädchenstuben mit elektrischer Anlage aus. Als Beleuchtungskörper genügt ein Wandarm mit einfacher Glasschale und mit Kettenfassung, der über dem Bett angebracht wird. Für den Fall, der schon mehrfach vorgekommen sein soll, daß die sparsame Hausfrau sich darüber ärgern muß, daß das Mädchen bis in die Nacht hinein liest, kann man außerhalb der Mädchenstube einen Schalter mit Steckschlüssel in die Zuleitung legen lassen; man ist dann in der Lage, auch von außen das Licht auszuschalten und das Wiedereinschalten durch Abziehen des Schlüssels zu verhindern.

Dunkelkammer für Photographie.

Zum Entwickeln bei rotem Licht verwende man nicht rubinrote Glühlampen, deren Ersatz kostspielig ist, sondern eine Überglocke aus echtem, nicht gefärbtem Rubinglas. Außer rotem Licht braucht man wohl nur noch weißes Licht, doch kann man natürlich außerdem eine dritte Lampe mit gelber Überglocke anbringen lassen. Will man die Platten hier mittels Heißluftdusche trocknen, so ist eine Anschlußdose nötig.

Waschküche.

Erforderlich sind Schutzglasarmatur und gekapselter Schalter. Teuer in der Anschaffung, aber außerordentlich praktisch ist elektrischer Motorbetrieb für Wasch- und Wringmaschine, auch für die Rolle oder Mangel (siehe Abb. 21); wählt man diesen, so ist Kraftanschluß vorzusehen, desgl. wenn man eine elektrisch beheizte Waschmaschine benutzen will.

Scheunen.

Der Feuersgefahr wegen ist hier elektrische Beleuchtung besonders angebracht; meist wird auch Kraftleitung für Dreschmaschinen und Häckselschneider verlegt. Das

Aussehen der Leitung spielt hier eine geringere Rolle, und man verlegt Isolier- oder Peschelschutzrohre. Die Verbindungsleitung über dem Hof kann — zumal bei Bränden — recht störend wirken, man lasse sich daher auch den Preis für Erdkabelanlage nennen.

Ställe.

Deren Anlagen müssen besonders sorgfältig ausgeführt sein, weil ammoniakhaltige Stalluft auf die Leitungen zerstörend einwirkt. Auf den Schaltern schafft der sich leicht

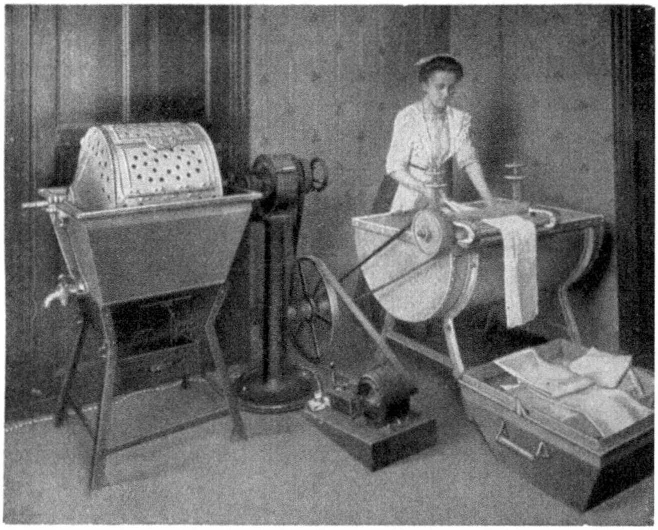

Abb. 21.
Elektrisch angetriebene Waschmaschine mit Vorgelege, von welchem aus gleichzeitig eine Wringmaschine angetrieben wird.

festsetzende Schmutz Stromübergänge, und es sind daher Stangenschalter, ähnlich Abb. 22 u. 23, vorgeschrieben. Die Leitung wird meistens auf hohen Porzellanrollen verlegt und dafür solche mit Papierisolation und getränkter Umspinnung gewählt. In Pferdeställen müssen auch die Bindestellen an den Porzellanrollen mit Tränkmasse gestrichen werden. Von dieser Masse kaufe man einen gewissen Vorrat und streiche die Leitungsanlage selbst in gewissen Zwischenräumen — natürlich, nachdem man sie abgeschaltet hat —, sobald man Anzeichen beginnender Zerstörung beobachtet. Manche Installateure umgehen diese Schwierigkeiten, indem sie die Leitung auf den Fußboden der über den Ställen liegenden Heuschober oder an der Außenwand in Rohren verlegen.

Autoschuppen.

Hier müssen feuersichere Anlagen hergestellt werden. Ausschalter lasse man, wenn irgend angängig, außen anbringen; die Leitung wird in Schutzrohr verlegt. Für Anschlußdosen wird vorteilhaft ein besonderer Ausschalter vorgesehen, damit beim Ausziehen des Steckers Lichtbogenbildung vermieden werden kann. Handlampen sind hier sehr zu empfehlen; über ihre Beschaffenheit ist das Nötige unter „Keller und Boden" bereits gesagt. Hat man Gleichstromanschluß, so lasse man sich eine Ladevorrichtung für Zünder- und Beleuchtungszellen einrichten. Man kann dies auch im Anschluß an Drehstromnetze tun, doch sind dann die Kosten für die Einrichtung und den Ladestrom ziemlich hoch, und man wird meistens billiger fahren, wenn man in einer Ladestation laden läßt. Für den Winter beschaffe man zum Warmhalten des Kühlers einen elektrischen Wärmeapparat, bei dem die Möglichkeit einer Entzündung von Benzingasen ausgeschlossen sein muß.

Abb. 22.

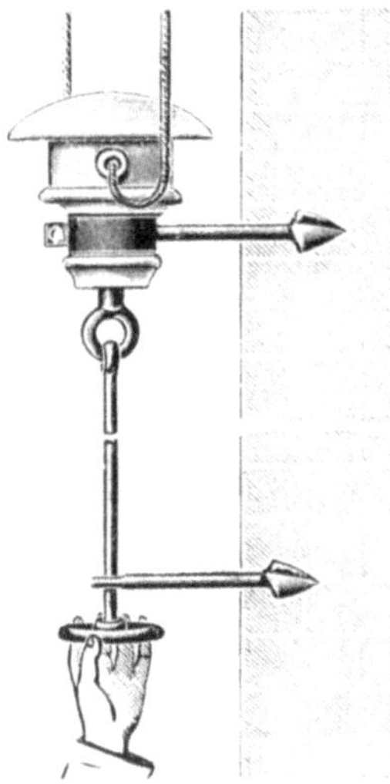

Abb. 23.

Anlagen unter Putz im eigenen Hause.

Solche Anlagen werden im allgemeinen nur bei Neubauten oder in Räumen ausgeführt, die neu tapeziert werden sollen; einige wenige Installateure rühmen sich, daß sie ohne sichtbare Beschädigung der Tapete auch in tapezierten Räumen unter Putz verlegen können, doch ist ein Risiko für den Besteller immer vorhanden, da zumal Rohrdraht unter Putz nicht verwandt werden darf, und 16—19 mm starke Gummi- oder Isolierrohre eingebettet werden müssen. Vor der Entscheidung lasse man sich jedenfalls die Kosten für beide Verlegungsarten angeben. Vielfach werden auch die Schalter- und Steckdosen ins Mauerwerk eingelassen; sichtbar ist dann nur eine farbige oder gläserne Abdeckplatte und der Schalterknebel. Solche Schalter sind natürlich teurer als die in gewöhnlicher Ausführung, und die Auswechselbarkeit der Feder ist daher bei diesen Schaltern besonders wertvoll, zumal sie durch Wandfeuchtigkeit manchmal leiden. Bei Unterputzanlagen ist es doppelt wichtig, für alle irgendwie in Frage kommenden Leitungsanschlüsse mindestens die Rohre zu legen, da Ergänzungen sonst später auf Putz gelegt werden müssen. Die Drähte brauchen nicht überall sofort eingezogen zu werden, denn das spätere Einziehen ist leicht und ohne Beschädigung zu bewirken, sofern die Rohre hinreichend weit gewählt wurden. Beim Neubau beachte man besonders das spätere Kapitel über das elektrische Kochen und erwäge reiflichst, ob eine Gasanlage, die doch stets üblen Geruch ins Haus bringt, erforderlich ist. Wegen des Kochtarifs nehme man Rücksprache im Elektrizitätswerke.

Anlagen im Mietshause.

Neubau. Mietswohnung.

Derartige Anlagen wurden bislang, sobald mehrere Wohnungen im gleichen Hause sind, recht häufig außerordentlich spärlich ausgestattet; der Verfasser kann hier aus ureigenster Erfahrung sprechen, da er für sich selbst zwei Wohnungen auf seine Kosten, zu denen die Hauswirte beisteuerten, hat einrichten lassen. Der leitende Gedanke bei den Hausbesitzern scheint der zu sein, für die elektrische Anlage möglichst wenig auszugeben; die Hauptsache ist, daß man dem Mieter sagen kann, die Anlage sei vorhanden, bzw. die Rohre dafür liegen unter Putz, und die Leitungen können rasch eingezogen werden. Ob die Anlage selbst für bescheidene Ansprüche ausreichend ist, ist für den Hauswirt Nebensache. Der arme Mieter muß dann — sofern nicht schon der vorige Mieter elektrisch beleuchtet hat — oft für jede Anschlußdose und jeden Umschalter besonders zahlen und das meistens nicht zu knapp, weil er, gewöhnlich, ohne Konkurrenz zuzuziehen, die Arbeiten bei dem Hausinstallateur bestellt. An dieser Stelle wird daher jeder Hauswirt gebeten, im Interesse des guten Einverständnisses mit seinen Mietern, ferner in Berücksichtigung dessen, daß durch Nachinstallationen fast immer Wände und Tapeten beschädigt werden, und daß der Zweck der Unterputzanlagen bei vielen Ergänzungsleitungen verfehlt wird, die Mietsräume möglichst reichlich mit elektrischen Anlagen auszustatten. Die Frage, wie diese reichliche Ausstattung zu bewirken ist, ist ja natürlich nicht ganz einfach zu lösen, und zwar deswegen, weil man vorher nicht immer weiß, als was der künftige Mieter den einzelnen Raum benutzen wird. Berücksichtigt man jedoch in den größeren Zimmern, nötigenfalls auch im Korridor Umschalter- und Anschlußdosenleitungen, und sieht auch Leitungen für das Mädchenzimmer vor, so werden wohl Ergänzungsanlagen nur in geringem Umfange erforderlich sein. Für den Hauswirt entstehen hierdurch nur verhältnismäßig geringe Mehrkosten, und die etwa nicht benutzten Leitungen werden mindestens dann, wenn sie unter Putz liegen, nicht sichtbar, stören also nicht. Zu berücksichtigen ist auch, daß der unterrichtete Mieter, der nicht weiß, wie lange er in der Wohnung bleiben wird, wegen der durch die Ergänzungsanlagen entstehenden Kosten davon Abstand nehmen könnte, die Wohnung zu mieten. Ist die Wohnung aber einmal gemietet, so soll sich der Mieter, wie schon früher erwähnt, bei Entscheidung wegen des Umfanges der Anlage immer daran erinnern, daß spätere Erweiterungen gewöhnlich noch höhere Mehrkosten verursachen, und daß eine wirklich gut durchdachte elektrische Anlage den Wert der Wohnung für die Bewohner erhöht. Auch wird der Versuch häufig zum Ziele führen, den Hausbesitzer gegen die Zusage, alle Teile der elektrischen Leitungsanlage beim Wegzuge zurückzulassen, zur Übernahme mindestens eines größeren Teiles der Kosten zu veranlassen. Oft wird auch später der nachfolgende Mieter die Ergänzungsanlagen kaufen, wenn man mit Abreißen derselben droht.

Vor eine folgenschwere Entscheidung kann der Mieter gestellt werden, wenn der Hauswirt in seinem Hause überhaupt noch keinen elektrischen Anschluß hat und diesen sowie die Steigeleitung zur Wohnung auf keinen Fall legen lassen will. Will man nun auf die vielleicht sonst schöne Wohnung nicht verzichten, so werfe man nicht etwa die Flinte gleich ins Korn und verzichte auf die elektrische Beleuchtung. (Wer sie schon einmal benutzt hat, wird dies wohl auch schwerlich tun.) Zunächst mache man dem Vermieter an Hand der Angaben auf Seite 6 u. 26 klar, daß er durch elektrische Treppenbeleuchtung wesentlich an dauernden Ausgaben spart, die nicht nur durch den geringen Stromverbrauch, sondern auch durch Fortfall jeglicher Bedienung sowie durch Einschalten der Druckknopfschaltung zwischen 9 und 10 Uhr herabgesetzt werden. Bei einer aufzustellenden Berechnung berücksichtige man, daß die meisten Elektrizitätswerke für Treppenbeleuchtung einen Ausnahmetarif haben. Sodann mache man auf die Erhöhbarkeit der Mieten aufmerksam, und wenn auch das nicht verfängt, frage man bei den übrigen Mietern an, ob sie sich nicht gleichfalls bemühen wollen, den Hauswirt zum Anschluß an das Lichtnetz zu veranlassen.

Wegen der Einzelheiten der Mietswohnungsanlage wird auf die früheren Kapitel verwiesen.

Beleuchtungskörper.

Beim Einkauf achte man darauf, daß die Beleuchtungsgegenstände den Wert, den ihnen der Verkäufer beimißt, auch wirklich haben. Oft wird der hohe Preis damit zu rechtfertigen gesucht, daß das Metall der betr. Beleuchtungskörper als „echte Bronze" bezeichnet wird. In Wirklichkeit ist es aber häufig gewöhnliches Messing, denn nur wenige Beleuchtungskörper (meist wirkliche Kunstgegenstände) werden aus Bronze, d. i. Legierung von Kupfer und Zinn, hergestellt; Messing dagegen besteht aus Kupfer und Zink. Die Bezeichnung „Bronze" für Messingluxuswaren hat sich leider in den letzten Jahren fast eingebürgert und ist handelsüblich geworden; richtig ist sie aber deswegen doch nicht. Nach der Metallfarbe kann man nicht urteilen, da die Metalle alle gefärbt werden; der Fachmann sieht den Unterschied an der Bearbeitung, da echte Bronze ziseliert werden muß. Auch aus Messing lassen sich wertvollere Waren herstellen, wenn die Teile entweder gegossen oder getrieben oder sonstwie von Hand bearbeitet werden; leider bilden aber solche Stücke im Beleuchtungskörpermusterlager die Ausnahme, und dies gilt nicht nur für die elektrischen, sondern auch für die Gaskronen. Mehr oder weniger sind die Metallteile aus dünnem Blech gestanzt, sogar Gußmuster werden aus Stanzteilen täuschend nachgemacht, und während man für die Möbel edle Hölzer wählt, läßt man sich vielfach als Beleuchtungskörper wertlosen Blechkram mit recht viel zerbrechlichem Glasbehang aufhängen und zahlt dafür verhältnismäßig hohe Preise; nach mehreren Jahren ist der Ersatz zerbrochener Glasteile, von denen es einige Tausend Muster gibt, meist nicht mehr möglich, und die teuren

Beleuchtungskörper.

Kronen weisen häßliche Lücken auf. Natürlich sind an sich weder hohe Preise, noch billige Ausführungen zu verwerfen, jeder soll für sein Geld erhalten, was ihm schmeckt, aber im ersten Falle muß die Qualität dem Preise, im andern der Preis der Qualität entsprechen, und dem Käufer ist zu raten, auf diese Punkte zu achten. Auf dem Gebiete der Beleuchtungskörper ist es anscheinend nötig, daß der Käufer durch Zurückweisen minderwertiger Ausführungen erzieherisch auf die Fabrikanten einwirkt, die jedenfalls bessere Ware sehr gern herstellen, sofern nur die erforderliche größere Nachfrage da ist, die wiederum erst günstige Preise ermöglicht. Am wenigsten treffen vorstehende Ausführungen auf Gegenstände aus Schmiedeeisen oder gescheuertem Eisen zu, aus welchem Material recht schöne Kronen gefertigt werden, doch ist natürlich Eisen nicht jedermanns Geschmack, es paßt auch nicht in jedes Zimmer. Jedenfalls kaufe man möglichst selten nach Abbildung, sondern wenn irgend angängig nach Muster, vor allem, wenn man wertvollere Waren auszusuchen hat. Ein wichtiger Punkt ist die Möglichkeit leichter Reinigung, und Schmutzfängermuster soll man zurückweisen.

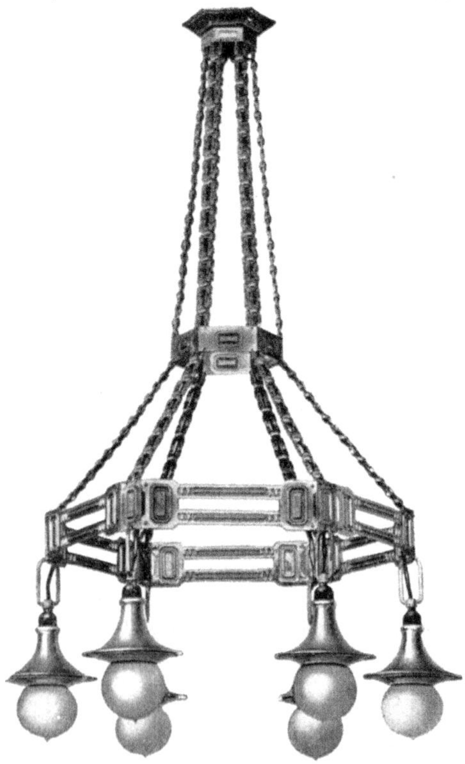

Abb. 24.

Die Abbildungen Nr. 24—26 zeigen drei Kronen, von denen Nr. 24 ausschließlich aus Blech, 25 hauptsächlich aus Blech und Glas und Nr. 26 aus Guß besteht. Die Bruttopreise sind 79 M. für Nr. 24, 43 M. für Nr. 25 und 90 M. für Nr. 26.

Wenn auch bei Auswahl von Kronen Geschmacksfragen vielfach die rein praktischen Fragen in den Hintergrund drängen werden, und man über den Geschmack nicht streiten soll, so kann doch wohl behauptet werden, daß von diesen drei Kronen Nr. 26 die gediegenste ist. Die geschlossenen Glasschalen, die sie zeigt, sind im allgemeinen, vor allem, wenn sie noch gefärbt sind, zu verwerfen; denn häufig ist man ihretwegen gezwungen, größere Lichtstärken zu verwenden, als man es bei offenen Schalen nötig hätte,

Abb. 25.

Abb. 26.

und solche dauernden unnötigen Strommehrausgaben wird wohl jeder gern vermeiden. Zu beachten ist ferner, ob die Glasschalen das Licht auch wirklich dorthin zurückwerfen, wo eine intensive Beleuchtung gewünscht wird. Bei sowohl für elektrisch als auch für Gas eingerichteten Kronen, ferner bei solchen, die erst für elektrisch umgeändert wurden, sieht man oft Glasschalen malerisch angeordnet, die nur die Schattenwirkung auf dem Tische verstärken. Die sogen.

kombinierten Kronen sind nicht zu empfehlen. Wer eine gute elektrische Beleuchtungsanlage hat, braucht keinesfalls noch Gasbeleuchtung vorzusehen, durch die nur der üble Gasgeruch in die Wohnung gebracht wird. Wer öfter berufsmäßig die Wohnung wechseln muß, kaufe sich besondere Kronen, die sich nach Herausnahme der Leitungen und durch Aufsetzen von Gasbrennern für Hängegas einrichten lassen. Unpraktisch ist es, Einzellampen oder die Außenlampen an Speisezimmerkronen hoch oben an der Decke anzubringen; auch durch eine solche Anordnung wird man zur Verwendung von Lampen mit unnötig hoher Lichtstärke gezwungen. Wählt man diese Anordnung trotzdem, so verwende man nicht die gewöhnlichen Birnen, sondern solche, die infolge besonderer Leuchtdrahtverteilung viel Licht in der Achsenrichtung ausstrahlen. Das Umändern von für andere Beleuchtungsarten eingerichteten Kronen will reiflich überlegt sein, einwandfrei läßt es sich in der Regel bei solchen für Hängegaslicht bewirken; sobald es schwieriger ist und höhere Kosten verursacht, erwäge man lieber die Anschaffung neuer Gegenstände, deren Mehrkosten durch Stromersparnis oft aufgewogen werden können. Anders ist es natürlich, wenn es sich um eine vorläufige Anordnung oder um liebgewordene, wertvolle Kronen handelt. Die Umänderung von Petroleumlampen kann man nötigenfalls selbst vornehmen. Man schraubt nur den Brenner samt dem Docht heraus und den vom Installateur bezogenen Petroleumnippel, auf dem die Fassung mit Schnur und Stecker, sowie der Schirmträger sitzen, hinein. Noch einfacher gestaltet sich diese Umänderung bei Verwendung von Aufsteckfassungen (vergl. Abb. 27), mit Hilfe deren man auch mehrere Birnen in der Lampe anbringen kann; ein neuer Schirmträger ist dann nicht erforderlich. In keinem Haushalte sollte die Tischlampe, ähnlich Abb. 28, fehlen, die unten am Fuß und oben unter der Fassung verstellbar ist. Sie ist verwendbar auf der Nähmaschine, am Nähtisch, dem Schreibtisch, Nachttisch und Arbeitstisch, auf dem Klavier, neben dem Liegestuhl, auf dem Balkon usw., sie ist schon in einfacher Ausführung für 11 M. in Messing, für 7 M. in Eisen käuflich. Es gibt ohne doppelte Gelenke eine Unmenge entzückender Nachttisch- und Schreibtischlampen; aber bei den ersteren muß man manchmal seine Lage im Bett beim Lesen nach der Lampe richten, um genügend Licht auf dem Buche zu haben, und die schönsten Schreibtischlampen können, zumal bei Damenschreibtischen, störend wirken, weil man sie meist auf der ohnehin kleinen Platte behalten muß, während man die Doppelgelenklampe nach unten gebogen auf einen Aufsatz stellen kann (siehe Deckelbild). Auch ist der so angenehme Augenschutz bei den nur wenig verstellbaren Tischlampen nicht immer zu erreichen. Um solche Lampen möglichst vielseitig verwenden und Anschlußdosen sparen zu können, kaufe man sich eine etwa 2 m lange Verlängerungsschnur, die an der einen Seite einen Stecker, an der anderen eine Hängesteckdose besitzt.

Abb. 27.

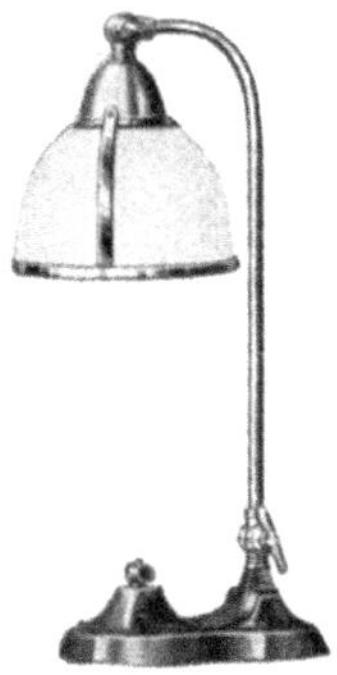

Abb. 28.

Recht viel Freude machen den Hausfrauen oft Stoffschirme im Wohn-, Kinder- oder Schlafzimmer, die sie selbst angefertigt haben. Zu diesem Zweck kaufen sie sich ein Schnur-, Rohr- oder Zugpendel, sowie für den Schirm einen Drahtkorb, den sie nun selbst ganz nach ihrem Geschmack beziehen. Das hat noch den großen Vorteil, daß unscheinbar gewordene Stoffschirme leicht und ohne große Kosten erneuert werden können.

Auf dem Lande werden jetzt häufig Pendel mit kunstvoll bemalten Glasschirmen gekauft, diese sind ziemlich teuer, und sind sie zerbrochen, so bleibt vom Beleuchtungskörper selbst nur wenig Wertvolles übrig. Für den gleichen Preis wird man auch bessere Metallkörper mit einfachen Schirmen wählen können.

Über allen Arbeitsstellen sollen die Beleuchtungskörper in der Höhe verstellbar sein, denn die Helligkeit wird z. B. viermal so groß, wenn man die Entfernung der Lampe vom Tisch auf die Hälfte vermindert.

Im übrigen wird wegen der Beleuchtungskörper auf die Abhandlungen über die einzelnen Zimmer verwiesen, wo noch einige Sonderangaben zu finden sind.

Heiz- und Kochapparate.

Der am meisten eingeführte Apparat dieser Art ist das elektrische Bügeleisen, das überall dort, wo Kraftstrom entnommen werden kann, nirgends fehlen sollte. Dettmar be-

Abb. 29.

zeichnet wegen seiner vorzüglichen Eigenschaften das elektrische Bügeleisen mit Recht als das beste Propagandamittel für Einführung elektrischer Heiz- und Kochapparate. Sogar wenn man den Vorteil des billigeren Kraftstromtarifs nicht genießt, sollte man die Anschaffung für zeitweilige Benutzung erwägen, denn die Vorzüge sind recht gewichtige:

1. absolute Reinlichkeit und kein Sengen;
2. keine Unterbrechung der Arbeit durch Heranholen anderer Eisen oder Bolzen, daher Zeitersparnis;
3. gleichmäßiges Bügeln der Wäsche, weil die Plätte immer gleichmäßig warm ist;
4. keine Luftverschlechterung;
5. ganz geringe Zimmererwärmung;
6. schnelle Inbetriebsetzung;

7. Möglichkeit der Verwendung des Bügeleisens als Wärmeplatte, sofern geeigneter Untersatz für umgekehrte Lage vorhanden ist.

Ein 3,5-kg-Eisen, das im Haushalt gebräuchlichste, verbraucht etwa 400 Watt, was bei den Strompreisen von 10, 16 und 40 Pf. höchstens 4, 6,4 und 16 Pf. für die Stunde ausmacht; leichtere Plätten verbrauchen noch weniger. Man wähle, der steifen Wäsche wegen, solche Eisen, die am hinteren unteren Rand abgerundet sind. Um häufig und bequem den Strom abschalten zu können, kaufe man Bügeleisen mit einem Stecker, der gleichzeitig einen Schalter mit auswechselbarer Feder enthält (s. Abb. 30 und 31). Die fest angebrachten Ausschalter sind nicht zu empfehlen, weil

Abb. 30.

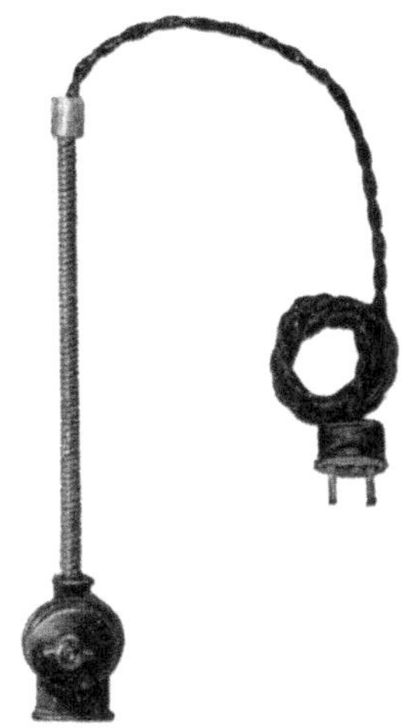

Abb. 31.

ihre Federn unter der Hitze leiden, was Reparaturen und Einsenden an die Fabrik nötig macht. Die Schnur muß am Eisen zwecks Kurzschlußverhütung infolge Isolationsbeschädigung durch ein Stück Metallschlauch geschützt sein. Wird eine Wandsteckdose benutzt, so berechne man vor Einkauf die größte in Frage kommende Länge der Schnur und kaufe sie in dieser Länge. Damit die Schnur beim Plätten nicht aufliegt, soll sie von oben kommen, was man nötigenfalls dadurch erreicht, daß man die Schnur ½—1 m über der Dose mittels einer Fadenöse anhängt; die Bindestelle ist dauerhaft durch Isolierband zu schützen. Der Ausschalter ist außerordentlich wichtig; besonders beim „Ausstreichen" feiner mullartiger Wäsche muß der Strom öfter unterbrochen werden; das Ausschalten durch Abziehen des heißen Steckers ist aber lästig, dasselbe ist der Fall, wenn man nach der Wand laufen muß, um dort den Stecker herauszuziehen. Auch auf die Form der Griffe (siehe Abb. 32 und 33) und des eigentlichen Eisens achte man. Der Griff auf der Abb. 32 ist schlecht, weil die Finger beim Plätten an seine heißen Metallteile stoßen. Der Heizkörper muß leicht auszuwechseln sein. Zum schnellen Ausstreichen sind Eisen mit breiter Grundfläche ausreichend, für Herrenwäsche aber solche mit schmaler Grundfläche vorteilhafter. Letztere sind zwar teurer in der Anschaffung, jedoch können sie für jede Art Wäsche gebraucht werden. Schneider brauchen schwere Eisen im Gewicht von 4—8 kg.

Was das ausschließlich elektrische Kochen anlangt, so ist dessen Einführung dort, wo nur die Kostenfrage ausschlaggebend war, selbst bei einem Tarife von 10 Pf., den bisher nur wenige Stromabnehmer genießen, bisher unter-

Abb. 32.

Abb. 33.

blieben und zwar vor allem aus dem Grunde, weil die Erwärmung der zu Reinigungszwecken benötigten Wassermengen auf elektrischem Wege zu unwirtschaftlich ist. Wesentlich günstiger liegt der Fall, sobald im Hause eine Zentralwarmwasseranlage vorhanden ist und diese unverdorbenes Wasser abgibt. Der Generalsekretär des V. D. E., Herr Dettmar, kocht, plättet und bratet in seinem Landhause in Berlin - Lichterfelde, das Warmwasserversorgung besitzt, ausschließlich elektrisch, bezieht den Heizstrom zu 10 Pf. für die kWh und bezahlt jährlich für diesen Zweck etwa 100 M. an das Elektrizitätswerk, was fast genau dem früher für Kochgas aufgewandten Betrage entspricht. Auch in mehreren anderen Anlagen sind dieselben guten Erfahrungen gemacht worden. Wo aber die drei Vorbedingungen: Neueinrichtung der Küche, billiger Tarif und Warmwasseranlage nicht gegeben sind, wird man, sofern die nachstehenden Kosten zu hoch erscheinen, auf die ausschließlich elektrische Küche verzichten müssen, es sei denn, daß der schon unter dem Abschnitt Badezimmer erwähnte elektrische Wärmespeicher in Verbindung mit einem besonders billigen Nachttarif das Warmwasser genügend billig und in genügender Menge heranschafft.

Zu bedenken ist dabei noch, daß das elektrische Kochen bedeutende Annehmlichkeiten bietet, die vor allem darin bestehen, daß sich die elektrische Wärme ohne Flammenbildung entwickelt, daß weder Rauch, noch Ruß, noch Asche erzeugt wird und Feueranzünder nicht nötig sind, und daß wegen solcher Annehmlichkeiten ja auch der Gaskocher statt des viel billigeren Herdfeuers eingeführt worden ist. Außerdem ist zu erwägen, ob das Mittagessen für alle Personen gleichzeitig bereitet werden kann. Ist man auf Herdfeuer angewiesen, so hat man, wenn für einzeln Speisende besonders gefeuert werden muß, wesentlich erhöhte Unbequemlichkeiten und Ausgaben, und elektrische Apparate werden in solchen Fällen nicht nur bequem, sondern auch wirtschaftlich im Gebrauch sein. Kocht man bisher mit Spiritus oder Petroleum, so errechne man genau die jährlichen Ausgaben und vergleiche sie mit den nachstehend aufgeführten für die elektrische Küche.

Für einen Haushalt von 3 Personen stellt sich die Neueinrichtung der elektrischen Küche auf 120 bis 250 M. Der jährliche Stromverbrauch:

bei vorhandener Warmwasseranlage ohne Bügeln auf etwa	M. 48,—
„ „ „ mit „ „ „	„ 58,—
„ Selbsterzeugung des Heißwassers mit Bügeln auf etwa	„ 96,—
„ „ „ „ durch Heißwasserspeicher mit Bügeln auf etwa	„ 76,—

unter Zugrundelegung des 10-Pfg.-Tarifs und des 5-Pf.-Nachttarifs für den Heißwasserspeicher.

Vorausgesetzt ist dabei, daß aus der Warmwasseranlage unverdorbenes, trinkbares Wasser entnommen werden kann. Nach den Erfahrungen Dettmars ermäßigen sich obige Beträge um etwa 9 M. jährlich bei Verwendung der Sparküche Therma, bei welcher eine bessere Wärmeausnutzung durch Übereinanderstellen mehrerer Töpfe erzielt wird.

Zurzeit haben die elektrischen Kochapparate ihre größere Bedeutung als Aushilfs- oder Spezialapparate, und als solche sind sie schon vielen Leuten unentbehrlich geworden. Ein Kochtopf, ein Teewärmer, ein Eisieder u. a. m. zum schnellen Bereiten von Speisen im Speisezimmer sind unbedingt als praktische Gegenstände anzusprechen. Viele Leute haben sich an die hierdurch gebotenen Annehmlichkeiten so gewöhnt, daß sie dieselben auch auf der Reise nicht entbehren wollen; aus diesem Grunde hat die Industrie Reisegarnituren geschaffen, die aus Plätte, Kochtopf u. s. f. bestehen. Sehr beliebt sind auch Bierwärmer, mit Hilfe deren man u. a. kalt gewordenen Kaffee binnen ½ Minute erwärmen kann. Interessant ist ein Vergleich mit den Verhältnissen in Amerika. Dort verrichten auch wohlhabende Frauen wegen der hohen Dienstbotenlöhne selbst schwere Hausarbeiten, und die Gasplätte z. B. ist fast ganz durch das elektrische Bügeleisen verdrängt worden. Das erste Frühstück wird meistens im Speisezimmer bereitet, und fast überall findet man für diesen Zweck elektrische Kaffee- und Teekannen, Eierkocher und Brotröster. Ideal schön sind kleine Herde oder Heizplatten für die Puppenküche. Alle diese Artikel sind besonders geeignet für Geburtstags- oder Weihnachtsgeschenke.

Für die Küche, in der Gas nicht zu haben ist, ist die Kochplatte von etwa 25 cm Durchmesser, mit Regulierschalter versehen, ein vielseitig zu verwendender Apparat. Oft lohnt es sich nicht, zur Bereitung einer Speise besonders Feuer zu machen; dann benutzt man diesen Kocher, der billig in der Anschaffung ist, und von der Hausfrau sehr geschätzt wird. Zum Kochen ist allerdings erforderlich, daß breite, dünnwandige Aluminiumgeschirre verwendet werden, die die ganze Oberfläche des Kochers bedecken; andernfalls geht Wärme verloren, und das Kochen wird teurer als nötig ist. Die besten Heizplatten sind diejenigen, welche strahlende Wärme abgeben; sie sind bisher nur vereinzelt im Handel, aber sie sind bei weitem die sparsamsten im Gebrauch, auch kann man auf ihnen die vorhandenen Töpfe verwenden, sofern diese die Heizfläche ganz bedecken. Die Heizkörper dieser Platten sollen auswechselbar sein. Besonders geeignet ist ein solcher Kocher, sofern er genügend Wärme entwickelt, zum Braten.

Ein elektrisch gebratenes Kotelett schmeckt genau wie ein Schnitzel, es ist ganz gleichmäßig durchgebraten, nirgends verbrannt, nirgends mehr blutig, kein Ruß fliegt in den Tiegel, und niemand braucht den Bratvorgang zu überwachen. 6 Koteletts braten höchstens 20 Minuten lang, das ergibt einen Stromverbrauch von 370 Watt oder bei 16 Pf. für die kWh eine Ausgabe von 6 Pf. für 6 Koteletts oder 1 Pf. für 1 Kotelett, sofern man 6 gleichzeitig bratet.

Durch Versuche ist festgestellt worden, daß auf Kohlenfeuer gebratene Fleischspeisen 40 % Fleischverlust aufwiesen, welche Verluste bei Verwendung elektrischer Kochapparate auf 15 bis 20 % zurückgingen. Verwendet man direkt beheizte Tiegel, so werden die Stromkosten noch geringer, und wer alle diese Vorteile richtig wägt, dürfte sich schnell zur Einführung von einigen dieser elektrischen Apparate entschließen.

Beinahe einen ganzen Herd besitzt man im Zweilochkocher mit Brat- und Backhaube, der allerdings einen verhältnismäßig hohen Anschaffungspreis hat. Für längere Zeit kochende Speisen wird für das Weiterkochen nur wenig Wärme benötigt, und man achte beim Einkauf der Apparate darauf, daß dieser geringe Wärmegrad einstellbar ist. Hierin liegt ein nicht zu unterschätzender Vorteil gegenüber dem Gaskocher.

Das alleinige Heizen mit elektrischen Öfen würde sich erst bei einem Tarife von 3 bis 5 Pf. wirtschaftlich gestalten, und in den weitaus meisten Fällen wird davon abgesehen werden müssen. Die meisten im Gebrauch befindlichen elektrischen Öfen werden entweder als Zusatzheizung oder für eine einzelne Person verwandt, die sich nur kürzere Zeit in einem ungeheizten Raume aufhalten will. In solchen Häusern, in denen die Zentralheizung nicht richtig wirkt, sind elektrische Öfen wie Abb. 34 ein gutes Aushilfsmittel. (Hierzu ist zu bemerken, daß für elektrische Öfen ein Abzugsrohr gänzlich überflüssig ist.) Zu empfehlen ist für solche Mieter eine Klausel im Mietskontrakt, nach welcher unbedingt nötig gewesene Ausgaben für elektrische Heizung von der Miete abgezogen werden dürfen. Für 1 Zimmer von 3×4 m Grundfläche und 3 m Höhe, also 36 cbm Rauminhalt, muß man 1,5 kW stündlichen Stromverbrauch rechnen. Oft — auch in kalten Frühjahrs- oder Herbsttagen — genügt schon eine einzelne Heizlampe (Anschaffungspreis mit Porzellanfassung, Schnur und Stecker etwa 5 M.), um einem Stillsitzenden genügend wohlige Wärme zu verschaffen. Denselben Zweck kann man häufig mit Heizkissen (Abb. 35) erzielen, deren Anschaffungspreis 22 M. beträgt, die aber weniger Strom verbrauchen und gleichzeitig für Kranke

Abb. 34.

gut verwendbar sind. Elektrisch beheizte Fußbänke dienen ähnlichen Zwecken. Von besonderer volkswirtschaftlicher Bedeutung — weil wir früher für 150 Millionen Mark Geflügel und Geflügelprodukte einführten — sind elektrisch geheizte Brut- und Aufzuchtapparate (siehe Abb. Nr. 36);

Abb. 35.

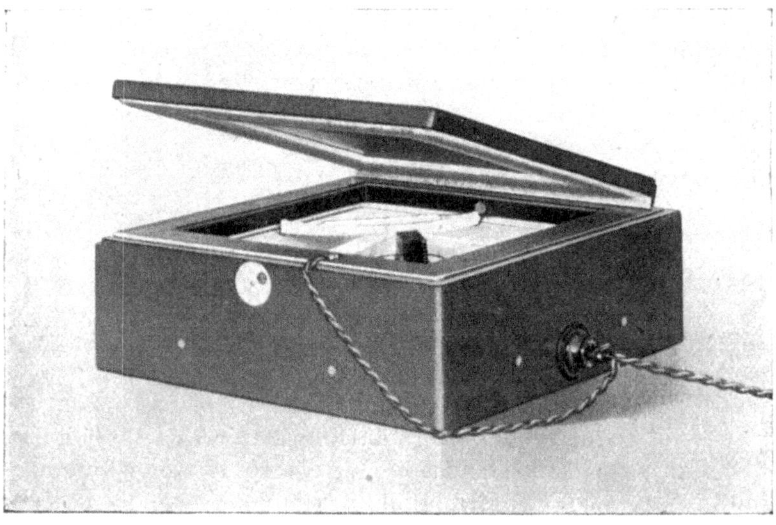

Abb. 36. Brutapparat.

ein Ei auszubrüten verursacht etwa 3 Pf. Stromkosten bei Sondertarif, und es werden immer mindestens 80 Eier gleichzeitig ausgebrütet.

Für Heizzwecke und für Ärzte gibt es noch eine große Anzahl Heiz-, Sterilisier- und Kochapparate, und es ist nur zu raten, daß man die diesbezüglichen Kataloge durchsieht, sobald man mit den vorhandenen Einrichtungen nicht auskommt. Hier sei nur noch kurz auf 2 Apparate hingewiesen, die infolge ihrer praktischen und vielseitigen Verwendbarkeit eine sehr große Verbreitung gefunden haben: den Vibrationsmassageapparat (Abb. 37) und die Heißluftdusche (Abb. 38). Letztere wird zum Haartrocknen, zum Bettwärmen, zum Trocknen photographischer Platten usw. verwandt, während die Vibrationsmassage erfolgreich zur Nachheilung von Rheumatismus und Ischias, bei Kopfschmerzen, Hals-, Herz- und Magenleiden auch von Ärzten

Abb. 37.

Abb. 38.

angewandt wird. Der Stromverbrauch ist bei beiden Apparaten verschwindend gering.

Besonders ausführlich und mit vielen Angaben über Stromverbrauch sind elektrische Koch- und Heizapparate in dem bereits auf Seite 3 erwähnten Buche Dettmars: „Die Elektrizität im Haushalt" behandelt; und wer sich über dieses Gebiet genau unterrichten will, tut gut, sich das Werk anzuschaffen.

Selbsthilfe bei Störungen.

Verhaltungsmaßregeln bei Betriebsstörungen.

Es ist nicht allzu schwer, kleine Störungen selbst zu beseitigen und ihre Quelle aufzusuchen, sofern man sich einigermaßen mit dem Zusammenhang der Dinge vertraut gemacht hat. Bei jeder Betriebsstörung prüfe man zunächst die Sicherungen, ob sie noch in Ordnung sind; hat man solche Sicherungen, wie sie auf Seite 10 u. 11 erwähnt und abgebildet sind, so genügt ein Blick, um die Prüfung vorzunehmen. Andernfalls muß man die Stöpsel herausnehmen und sie mittels elektrischer Glocke oder Taschenlampe einzeln durchprüfen, welche Prüfung man sich vom Installateur zeigen lassen muß. Auch die Lamellen der Steckdosen werden auf diese Weise geprüft. Ersatzteile solcher Art müssen stets im Hause sein. Ist ein Hauptschalter vorhanden, so schalte man vorerst die ganze Anlage damit ab. Dieses Abschalten der Gesamtanlage empfiehlt sich bei jeder Untersuchung und kann bei Fehlen des Hauptschalters durch Ausschrauben der Sicherungen erfolgen. Fast nach jeder Störung wird eine durchgebrannte Sicherung in der Verteilung oder in einer Anschlußdose festzustellen sein. Man begnüge sich nun aber nicht damit, die Sicherung zu ersetzen, sondern stelle stets die Ursache fest und beseitige die Fehlerquelle. Häufig ist diese in Verbindungsschnüren für tragbare Stromverbraucher zu suchen. Die aus Gummi bestehende Isolierschicht wird im Laufe der Jahre brüchig, und durch Berührung der beiden Kupferseelen entsteht ein Kurzschluß. Solche Schnüre lasse man beim Installateur ausbessern, oder man erneuere sie. Aushilfsweise kann man die schadhaften Stellen durch Isolierband schützen. Versagt nur eine Lampe, so prüfe man die Birne in einem anderen Beleuchtungskörper. Ist sie in Ordnung, so versuche man, ob das Versagen nicht durch Festschrauben zu beheben ist; sowohl bei Lampen als auch bei Sicherungen kann es vorkommen, daß sich die eingeschraubten Teile im Gewinde lockern. Schalter mit auswechselbarer Feder kann jeder leicht selbst ausbessern. Bei Fehlern an anderen Schaltern und bei allen sonstigen Störungen muß unbedingt ein Fachmann gerufen werden.

Schlußbemerkung.

Da diese Schrift u. a. auch für weitere Ausbreitung der Elektrizität werben soll, seien hier zum Beweise dessen, wie nötig eine solche Werbetätigkeit manchen Orts ist, noch einige statistische Angaben gebracht, für die das Dettmarsche Werk für 1913: „Statistik der Elektrizitätswerke Deutschlands" als Unterlage gedient hat.

	Wieviel Lampen sind pro Kopf installiert?	Jede wievielte Familie hat einen Anschluß?	Wieviel Lampen sind durchschnittlich an einen Anschluß angeschlossen?
Deutschland	1,1		
Berlin	0,6	8,4	28
Berlin-Friedenau	1,15	1,8	11
Berlin-Steglitz	1	4	23
Berlin-Schöneberg	2	2,3	22
Berlin-Tempelhof	0,7	4	15
Berlin-Weißensee	0,2	11	13
Berlin-Zehlendorf	2,5	2,5	28
Potsdam	0,8	4,6	20
Leipzig	0,5	10	25
Dresden	0,6	9	26
Chemnitz	0,7	5	22
Cöln	0,7	10	29
Coblenz	0,5	10	30
Essen	0,5	8	22
Hamburg	1	4,5	22
Straßburg i. E.	1,35	1,4	10
München	0,9	4,4	20
Luckenwalde	0,83	1,6	7
Eberswalde	0,6	6	18
Dahme, Mark	1,3	1,55	11
Beelitz, Mark	1	1,9	12
Belzig, Mark	0,7	3,2	11

Dazu ist zu bemerken, daß die Anzahl der Familien in der Weise geschätzt worden ist, daß die Einwohnerzahl durch 5 geteilt wurde. Seit 1913 wird die Anzahl der installierten Lampen überall und besonders in der Kriegszeit infolge des Petroleummangels nicht unwesentlich gestiegen sein, immerhin gestattet diese Zusammenstellung sehr interessante Vergleiche. Zunächst ist zu ersehen, welch ungeheure Summe elektrischer Lampen in unserm Vaterlande installiert ist (75 Millionen Stück), eine Zahl, die wohl auch die hartnäckigsten Anhänger des Glaubenssatzes von der elektrischen „Luxusbeleuchtung" bekehren dürfte. Sodann sieht man, daß einige Städte nur unwesentlich über die durchschnittliche Lampenkopfzahl kommen; der Gründe dafür sind verschiedene. Manchmal werden die betreffenden Elektrizitätswerke bürokratisch und ohne Unternehmungsgeist verwaltet; sehr oft will die Stadt auch

Statistisches.

ein in ihrem Besitze befindliches Gaswerk nicht schädigen und hemmt deshalb ihre Elektrizitätsbeamten in ihrer Werbetätigkeit. In den letzten beiden angeführten Städten gibt es kein Gaswerk, und für sie ergeben sich daher die günstigsten Durchschnittszahlen. Für den Kenner Berliner Verhältnisse wird es anregend sein, die Zahlen für die Reichshauptstadt und einige ihrer Vororte zu vergleichen. Daß Zehlendorf am günstigsten dabei abschneidet, hat seinen Grund in nachahmenswert glücklichen Tarifen und Installationsbedingungen. Die andern Vororte fallen im Verhältnis der Wohlhabenheit ihrer Einwohner ab, und das könnte wohl zum Beweis dafür angezogen werden, daß das elektrische Licht die Beleuchtung der reichen Leute ist. Dies wäre aber ein Trugschluß; denn man kann aus der Zahl der pro Anschluß installierten Lampen — wie z. B. bei den meisten Großstädten — schließen, daß die kleinen Leute vernachlässigt sind, und daß manche Elektrizitätswerke die ihnen ex officio zugefallene Kulturmission der Verbreitung der Elektrizität nicht richtig erfaßt haben. Was weitschauende Leiter von Elektrizitätsunternehmungen durch günstige Tarife und Installationserleichterungen im Interesse ausgedehnter Elektrizitätsverwertung erreichen können, zeigt das Beispiel von Berlin-Zehlendorf, und hat schon vor Jahren der jetzige Direktor der Berliner Elektrizitätswerke, Herr Wikander, gezeigt, der durch sein berühmt gewordenes Gratisstromsystem — Gewährung von Gratisstrom im ersten Jahr nach der Neuanlage — in Götaborg eine große Anzahl neuer Stromabnehmer gewann. Eine recht deutliche Sprache reden die Zahlen der Arbeiterstadt Luckenwalde; sie beweisen, daß auch die Arbeiterbevölkerung für elektrische Anlage zu haben ist. So sei mir denn zum Schlusse die Hoffnung auszusprechen gestattet, daß alle von der Bedeutung der Elektrizität durchdrungenen Leser dieses Heftchens — jeder für seinen Teil — helfen möchten, auf ihre Bekannten und auf die Elektrizitätswerke im Sinne denkbar größter Verbreitung der kulturell so ungeheuer bedeutungsvollen Elektrizität einzuwirken.

GPSR Compliance

The European Union's (EU) General Product Safety Regulation (GPSR) is a set of rules that requires consumer products to be safe and our obligations to ensure this.

If you have any concerns about our products, you can contact us on ProductSafety@springernature.com

In case Publisher is established outside the EU, the EU authorized representative is:

Springer Nature Customer Service Center GmbH
Europaplatz 3
69115 Heidelberg, Germany

Batch number: 10682323

Printed by Printforce, the Netherlands